每到周一我就烦

应对上班焦虑的简单方法

[日]西多昌规——著
姚奕威——译

四川文艺出版社

「月曜日がゆううつ」になったら読む本

果麦文化 出品

目录

前言　　　　　　　　　　　　　　　　　　　　　　001

第一章
10 个习惯助你摆脱无缘无故的焦虑　　　　　　　**005**

01　成果主义正在悄无声息地摧残打工人的心灵　　006
02　即使大环境一潭死水，也要阻断越陷越深的负面思维　012
03　垂头丧气的时候，要用唾手可得的"胜利"重整旗鼓　016
04　未必凡事都要"正向思考"　　　　　　　　　　021
05　事与愿违的时候不要自怨自艾　　　　　　　　　025
06　"辛勤付出却没有得到应有的褒奖"是在误导自己　030
07　"褒奖""升职"也会诱发焦虑　　　　　　　　　035
08　养成睡前回顾当天的成就和好事的习惯　　　　　040

09	为未来忧心忡忡的时候怎么办	045
10	只要内心强大，就能以不变应万变地战胜焦虑	050

第二章

6 个方法让你工作中的疲惫一扫而空　　　　　　**055**

01	用运动驱散强颜欢笑的疲惫	056
02	工作中举棋不定的时候要学会转移注意力	061
03	适当放慢节奏反而是保护他人	065
04	区分外在烦恼和内在烦恼	070
05	善于开口求助的人生活得更加轻松	074
06	想方设法告别痛苦的"例行公事"	079

第三章

排遣职场人际关系烦忧的 7 个"怎么办"　　　　**085**

01	不适应新团队和新职场的氛围怎么办	086
02	跟某些人一打照面心里就犯堵怎么办	091
03	跟好传八卦的同事一起吃午餐觉得烦心怎么办	096

04 讨厌"盛气凌人"的前辈怎么办	101
05 害怕顶头上司,不敢请教问题怎么办	105
06 当丢三落四的下属让你火冒三丈的时候怎么办	110
07 投诉者让你身心俱疲的时候怎么办	115

第四章

增强心灵免疫力、培塑心理韧性的 9 个规划   **121**

01 无须加班的时候要按时回家	122
02 对他人不吝赞美,他人也会投桃报李	127
03 每周都要保证 20% 的"个人时间"	132
04 练习"冥想·正念"	137
05 至少要有一个工作之外的"知心朋友"	142
06 用充实的周末生活吹散下周一的阴霾	147
07 健走为心灵注入能量	152
08 勇敢挑战,不要害怕自己毅力不足	157
09 坚持不住的时候回顾当年的清新感	162

第五章

7 节课改变思维和行动弊端,让你斗志重燃　　　　　　**167**

01　4 个好习惯让你睡得更香　　　　　　　　　　　168
02　睡前想点好事,改善睡眠质量　　　　　　　　　173
03　怯场说不出话的时候怎么办　　　　　　　　　　178
04　意外迟到或缺勤的时候怎么办　　　　　　　　　183
05　迟迟走不出失败怎么办　　　　　　　　　　　　187
06　陷入惊恐的时候怎么办　　　　　　　　　　　　191
07　由于压力而感到肠胃不适的时候怎么办　　　　　195

结语　　　　　　　　　　　　　　　　　　　　　　199

前言

"唉，又是周一……"

我这人本身就是"晚上一条龙，白天一条虫"，倘若再遇到周一，更是郁闷透顶。我蜷缩在床上，一想到工作就感到心乱如麻。

也许有人会暗暗担心我的状态，其实大可不必。自打上幼儿园、小学，每到周一，这就是我的常态。心里面是一万个不乐意，直到眼瞅就要迟到了，这才磨磨蹭蹭地起床上学。如今我虽然已经长大成人，但这种情形依然如故。

我成为一名精神科大夫之后，恰是这个陋习，让我得以在听到患者倾诉"早晨怎么都起不来""不想去公司""从周日晚上就开始闷闷不乐"的时候感同身受。

坦率来说，自从踏进医学这个行业，我由衷地感受到我的很多同事都堪比超人。每每看到这些大清早就精神抖擞、活力四射的同届、前辈、后辈，我都不禁扪心自问，为什么只有我死活都不想上班？为什么每到周一都感到疲惫不堪？

万分惭愧，我这样一个人居然写出一本题为《每到周一我就烦：应对上班焦虑的简单方法》的书。其实，为那些不堪其苦而无法工作的人进行治疗的经历，无疑加深了我对这些问题的思考。

当代日本社会可谓是"全民抑郁"，其中达到抑郁症程度的患者人数也超过了100万人。每天我都苦苦思索着药到病除的处方，或是行之有效的建议。

这本书的创作初衷，就是从我自己的临床经验和科研成果出发，向眼下正在人满为患的电车上颠来倒去、饱受"抑郁"折磨的读者，向早晨陷入情绪低落而难以自拔的读者，提供有益的信息。

我希望把稍显晦涩的科研话题尽可能讲解得浅显易懂。书中还包含一些我诊断过的真实案例，为了保护患者隐私，这些地方我略用曲笔。

阅读这本书，并不会立竿见影地让你变得"喜欢上班"，但是其中归纳的生活技巧和习惯，却能多多少少地缓解"抑郁""痛苦"和"疲惫"的情绪。

排遣"抑郁"心情的必要前提，就是练习。我们不是要练习把"抑郁"赶尽杀绝，让整个人亢奋不已，而是要练习与"抑郁"和睦相处。

衷心希望你在读完这本书以后，能够转变对"抑郁"的看法，掌握和"抑郁"的相处之道，收获一份快乐、轻松的美好心情。

第一章

10 个习惯
助你摆脱无缘无故的焦虑

01 成果主义正在悄无声息地摧残打工人的心灵

❖ 唯成果论的陷阱

常有患者向我抱怨:"我的公司讲究成果主义,真让人透不过气。"也有许多患者发牢骚说自己"根本静不下心来"。"静不下心"这句话所反映出来的,是被"成果"撵着跑的人饱受折磨的内心。

在经济高速发展期,终身雇佣和年功序列曾是日本企业的核心机制。其方针是按照年龄和资历依次对员工进行提拔或委以重任,直到员工达到法定退休年龄。企业通过这种机制让员工获得一种安稳的感觉,员工也相信"只要肯干,总有一天能够出人头地"。换言之,企业像家庭一样实现了一种保护功能。

人们耳熟能详的，一个贯彻了成果主义却招致失败的案例是富士通公司。富士通在20世纪90年代引入成果主义，目的是让公司焕发活力。可遗憾的是，事与愿违，推行成果主义带来了明显的弊端，比如，"员工对有挑战性的目标敬而远之""急功近利，只看重短期目标，长远目标无人问津"等。《从内部观察富士通"成果主义"的崩溃》[1]（光文社）一书对这一案例进行了详细阐述。

日本国民具有很强的平等意识，堪称"一亿总中流"[2]。倘若贸然将成果主义引入这种社会，那么人们就不得不面对咄咄逼人的"与他人比较"的难题，而这一举措也会成为妄自菲薄的元凶。一旦缺失了自信、自尊情绪的支撑，"与他人比较"便会转化为压抑、焦虑等各种形态，让人心神不宁。

---

1 原标题《内側から見た富士通「成果主義」の崩壊》。——译者注（若无特别标注，本书脚注均为译者注）
2 据20世纪70年代日本前总理府（现内阁府）实施的"关于国民生活的舆论调查"，认为自己的生活水平属于"中流"的人数最多，回答"上流"或"下流"的合计不到一成，即人口约为一亿的日本国民在收入、生活水平上没有太大的差距。

❖ 你有没有身不由己地踏入"与他人比较"的陷阱？

"与他人比较"，在心理学上叫作"社会比较"（后文统一使用"社会比较"）。富士通公司同样出现了社会比较的问题。除此以外，据说还存在这样一种情况——高学历的骨干员工要面临更高的预期目标和更为艰巨的工作，然而从结果来看他们又很难获得较高的评价，因此处于不利地位。反观那些身边没有同届同事又从事管理工作的员工，他们由于缺少比较的对象，所以更容易获得好评。

诚然，把所有人放在同一个相扑赛场上进行比试并非易事，但也不可否认，成果主义确实潜藏着把不同类型的格斗技放在同一赛场（擂台）比拼的风险。如果这一机制良性运转，那么自然有它好的一面。不过在这里我想提醒一点，那就是身不由己地踏入"社会比较"，也就是"与他人比较"这一陷阱的人要比想象的多得多。很多人都是下意识地与他人争得不可开交。

❖ 不要让嫉妒折磨自己

当然，很多时候好胜心和自尊心都是激励人成长进步的动力。许多著名运动员和精明强干的商界精英也都把不服输的精神视为自己成长过程中的发条。

可是，如果眼里只有竞争，嫉妒心理过于强烈，以至幸灾乐祸，那么就会影响精神健康。

因为嫉妒只会产生愤怒、仇视、自怨自艾、自轻自贱之类的负面情绪。

工作中的嫉妒心理格外可怕。嫉妒大概也是造成本节开篇所提到的患者"静不下心"症状的原因之一。在日常诊疗时，极少有患者会亲口说出"嫉妒"这个词语。由此可见，这算得上是一种难言之隐。

近期研究显示，嫉妒与大脑当中一个叫作"纹状体"[1]的部位密切相关。当你感到妒火中烧，不妨只当是素未谋面的"纹状体"作祟，安慰自己一句："哎呀，'纹状体'

---

[1] 基底神经节的主要组成部分，壳核和尾状核通过大量条纹状细胞桥互相连接，因此得名"纹状体"。研究显示，大脑皮层和纹状体之间的神经回路在嫉妒情绪的产生中发挥着关键作用。

又闹腾起来了。"

用"纹状体"这个冷冰冰的专业名词替代让人神经敏感的"嫉妒",不失为一个平复嫉妒心理的行之有效的方法。

有无误入"社会比较"歧途的自查清单

☐ 心静不下来,总是惦记着工作。

☐ 有时候对自己的劳而无功感到恼火。

☐ 总想拿自己和别人比一比。

☐ 有时候嫉妒与自己存在竞争关系的人。

☐ 有时候幸灾乐祸。

[**医生建议**] 当你感到"与他人比较"让你苦不堪言,那么就尽己所能地去尊重对方吧。还有一个方法,那就是把问题统统归咎于"纹状体"。

02 即使大环境一潭死水，也要阻断越陷越深的负面思维

❖ 经济低迷导致预期变得越发悲观

站在我的角度，能够深切地感受到自从2007年美国次贷危机爆发以来，来门诊就诊的患者越来越多。2009年起陆续爆发欧洲债务危机时同样如此。日本奥林巴斯、大王造纸等公司接二连三的丑闻，也进一步动摇了老百姓对日企的信心。

政治、经济，尤其是经济低迷、封闭的环境，都会对精神科诊疗投下一抹荫翳。公司员工、银行职员、个体户、家庭主妇、学生党……当我在有限的诊疗时间内询问这些来自各行各业的患者对未来的预期时，从他们的回答中我能够获取比报纸上更严重的信息和情绪。

经济层面的动荡势必造成不稳定的精神状态。仅凭药物

无法彻底缓解这种状况。金钱上的问题不仅是当事者本人的问题，还会慢慢波及他们的亲朋好友。不单是上班养家糊口的工薪阶层和自负盈亏的个体户，还有家庭主妇、在校学生等上述人群的家人，都将遭受巨大的压力。

"一直四处碰壁，也许永远也找不到工作吧？"

"我该不会被列入裁员名单了吧？"

"老公的公司还挺得住吗？"

不少患者的预期变得越发悲观。而且他们预期的内容的确不是无端猜测的妄想，很多预期都将变成现实，有些甚至已经变成了现实。时至今日，一位家庭主妇满腔悲痛地倾诉"存款越来越少，晚上都睡不着觉"的场面仍旧历历在目。

很多时候，"没事的""往好处想想"之类轻描淡写的几句话根本无法化解患者所遭遇的困境。

❖ **通过自己的些许努力，阻断越陷越深的负面思维**

如果满脑子都是悲观的想象，就无法摆脱低落的情绪。多一分心烦意乱，就会少一分气定神闲。负面思维会引发连锁反应，从而陷入恶性循环。"自己再努力也无济于事"，沉溺于这种郁郁寡欢的状态，白白浪费时间，之后更加消沉。

面对这种状况，我们常常很难把思维扭转到积极向上的轨道上，毕竟思维转变不像汽车掉头那样简单。

那么，怎样才能阻止脑海中不断冒出的糟糕念头呢？答案不是思维，而是行动。

当然，即使我们转而出门散心，不再闷闷不乐地待在家里，也不能规避裁员的风险。但是和干发愁相比，这样做至少可以防止我们在悲观的谷底越陷越深。想要阻断负面思维的恶性循环，关键是要毅然决然地采取行动。

无所作为只会加剧人的"受迫性"，而且这种"受迫性"和"无力感"会逐渐演变为思维定式。反之，哪怕只是一件小事，但只要是主动性的作为，就会让人产生充实感。自己主动作为更有助于缓解不安情绪，激发昂扬向上的精神。

我们要逐渐拓展自己可控的领域，以此保持自己的"能动感"。我们无须过度亢奋地勉励自己，只需一点一滴地转变一贯的行为方式，便可以收获事半功倍的效果。

如果读到这里你依然将信将疑，那么不妨抱着"上当受骗就一次"的心态，站起身来，权且尝试一下下面这张清单所列举的事情。

陷入无力感时转变心情的行动计划

☐ 散步。

☐ 去完成一直搁置没去处理的购物清单。

☐ 悠闲地泡一壶药茶。

☐ 听一张喜爱的音乐专辑。

☐ 舒展一下后背、肩颈和四肢。

☐ 擦一双鞋。

☐ 集中注意力,做 5 分钟腹式呼吸。

☐ 收拾床铺卫生,例如清洗枕套。

[**医生建议**] 即使是一件微不足道的小事,行动所带来的"能动感"也会让你远离"无力感"。

03 垂头丧气的时候，要用唾手可得的"胜利"重整旗鼓

❖ 小目标提升成就感

偶尔，我们会听到解说员在点评状态低迷的运动员的时候这样说道："秘方就是一场胜利。"很多时候，我们都可以把"胜利"作为媒介，让所付出的努力大放异彩。

这个道理不只适用于顶尖运动员。近在咫尺、唾手可得的"胜利"能让我们每个人精神焕发。"大功告成""顺风顺水"之类的成就感会激活"大脑奖励系统"。成功的喜悦能够刺激中脑腹侧被盖区等脑区的多巴胺神经递质，激发人的干劲儿。

严苛的训练可以强健体魄、锤炼意志或是保持健康，可是我们很难坚持下来。而胜利的喜悦则可以赋予我们持之以

恒的强大动力。

能够体验到"胜利"的行为未必一定要与工作有关。这里我着重推荐"收拾"，可以收拾书架、冰箱，整理家务。无须尽善尽美，只要局部整理干净就能达到效果。也可以挑个时间来一次健步走，用酣畅淋漓的运动"收拾"一下身上的脂肪。还可以果断地把一些目标拆分开来，例如读书"只读一章"。

反之，我不建议在自信心匮乏的时候去挑战体量庞大的任务。比如给家里来一次彻底的大扫除、一口气通读一本没读过的书，这些任务需要具备十足的斗志。而我们要做的是分割目标，尽可能把复杂的事物变简单。

❖ 助人为乐能够提升自信

关于大脑奖励系统和多巴胺神经递质的联系，想必很多人在科学、商务类书籍中都有所了解。那么，除了多巴胺，还有没有其他化学物质也有助于重建自信心呢？

一种名叫催产素的荷尔蒙可以间接促进重建自信。一直以来，催产素都被视为女性在生产、哺乳时身体不可或缺的一种荷尔蒙。而最近研究显示，这种荷尔蒙还会作用于人的大脑，能够让人更加兴奋和愉悦，还能提升友好度和亲近感。在人脑中，分泌催产素的神经细胞被多巴胺神经递质所包围，这也从侧面印证了上面的研究。

事实上，催产素与能够跟他人共情的"同情心"有关，也跟善待他人或参与志愿者活动等"利他"行为中获得快乐的机制有关。

例如，对他人施以援手，即使只是不值一提的小事，也可以有效刺激催产素分泌。我们可以给同事分发糖果和巧克力，帮他们泡一杯咖啡，或者问候一声"最近过得好不好"。举手之劳，就足以提振信心。

❖ 尽己所能"与人为善"

在抑郁症患者的康复阶段，有时候患者表面上神采奕奕，实际上"不能集中注意力阅读书籍""头脑不像健康时那么灵光"之类的症状仍未根除，而且药物对这些烦恼无能为力。

如果遇到类似情况，那么我的建议是参加志愿者活动。

在自己力所能及的范围内，不求回报地帮助他人的行为具有药物无法比拟的治疗效果。

当然，也不必非得是正儿八经的志愿者活动。比如，在电车上让个座位，马路上给并线的车留出空当，对他人的点滴付出道一声"谢谢"。其实，这些看似不起眼但持之以恒的善举就是保持自信的秘诀。

垂头丧气的时候为心灵加油的行动计划

☐ 坐车让座、开车让道。

☐ 声音嘹亮地道谢。

☐ 帮助遇到困难的同事。

☐ 主动倒垃圾。

☐ 参与志愿者活动。

[**医生建议**] 缺乏自信的时候,助人为乐的善举可以刺激多巴胺和催产素分泌,让人焕发活力。

04 未必凡事都要"正向思考"

❖ 通常来说"正向思考"是一种重要的思维观念

有这样一个关于销售员在非洲卖鞋子的幽默寓言。A销售员在报告中写道:"这个地方没有一个人穿鞋子,鞋子根本卖不出去。"B销售员却给出了截然相反的结论:"这个地方所有人都光着脚,鞋子市场前景无限。"

B的结论就是我们所说的"正向思考"。这种思维具有科学依据,美国还创立了积极心理学学科。

面对同一个事实情况,不同的观点和思维方式会给出不同的解读。尤其是一些习惯消极看待事物的人,更应当有意识地去发现事物的光明面,也就是要重视"正向思考"。

我也时刻要求自己保持积极向上的"正向思考"。特别是在大学附院从事培训工作以来,我对这一点格外重视。进行研修的医生不仅要从教科书中学习临床技能，还要从经验中学习。倘若教导者总是挑毛病，制造压抑的氛围，那么下面的人很容易悲观厌世。不仅是我身处的医疗培训领域，所有职场都是如此。

❖ 盲目草率的"正向思考"反而是有害的

培养"正向思考"的习惯是一项重要的生活技能。不过，其前提条件是对所遇到的困难进行反思、总结。

如果我们不能吃一堑长一智，一味流于"算了，下次会成功的"所谓"正向"思维，那么无论是个人还是团队都不会得到任何提高，反而会让致命问题迟迟得不到解决。"负责人变卦了，跟我没有半点关系。"这类归咎于单位、盲目乐观的思维方式最终可能是搬起石头砸自己的脚。

合理的"正向思考"离不开准确的分析、判断和评价。在分析判断的基础之上，那些习惯于为鸡毛蒜皮耿耿于怀的人，遇到一丁点挫折就万念俱灰的人，应当再进一步树立"正向思考"的思维方式，学会从相反的角度看待事物，从而保持平和的心态。

❖ 拒绝"过度正向思考"

"正向思考"是一种从美国传播开来的思维方式。美国是一片充满挑战精神的土地,那里深深浸润着无惧艰难困苦而勇往直前的传统。电影里也常常能够看到美国牛仔面对四面楚歌的绝境时仍然举重若轻的场面。然而,这种"正向思考"究竟适不适合日本人?这是一个很难回答的问题。按照正向心理学的原理,"正向思考"与国民特性无关,但是美国人和日本人在价值观和思维方式方面确实存在相当大的差异。

日本人在表达个人观点和主张的时候十分含蓄,在集体、社会中信奉中庸之道,如果让他们每时每刻都拼命保持"正向思考",很可能是过犹不及。一旦造成"为什么我总是这么消极"的自卑情绪,便是适得其反了。

"不如意事常八九",积极接纳适度的"负面思考",可以缓解"过度正向思考"所带来的副作用。有所放弃,可以降低过高的"期待值",卸下肩膀上的重担。

Que Sera Sera 是一首脍炙人口的法国歌曲,歌名的含义就是"世事不可强求"。当我们竭尽全力依然徒劳无功的时候,借鉴一下欧洲人洒脱的态度也未尝不可。

恰到好处的"正向思考"的座右铭

☐ 塞翁失马，焉知非福。

☐ 祸兮福之所倚，福兮祸之所伏。

☐ 旁观者清。

☐ 世事难料。

☐ 化险为夷。

☐ 因祸得福。

[医生建议] 培养看透事物"背面"和"里面"的习惯。

05　事与愿违的时候不要自怨自艾

❖ "业绩不佳的烦恼"的根源是什么

"费这么大劲,一点效果都没有。"

"干的工作都一样,可我就是比不过他。"

即便是在一些没有明显遭受成果主义束缚的职场或学校,有些人也会有这种喘不过气来的感觉。无论工作还是学习,无不是以成败论英雄。医疗行业同样如此。就算你读再多的论文和医书,掌握再丰富的知识,只要患者没有康复,那么你就永远也算不上什么"名医"。

只是兴趣爱好的话,我们当然可以按照自己的喜好,无所顾忌地"乘兴而行,兴尽而返",但是面对本职工作或是主责主业的时候我们并不会这样。这是为什么呢?我们不妨来分析一下。

比方说，"业绩不佳的烦恼"看似是业绩与岗位绩效、公司目标之类的指标相比不达标所造成的，其实不然，许多时候烦恼的根源不是指标，而是我们与他人的比较。除了顶尖运动员和公司老总，没有人会为了纯粹的纪录和指标而你追我赶。

人是社会性动物，因而我们会在意别人的看法。希望通过他人的赞许来证明自己聪明能干，是一种人类特有的"自尊心"。这里的自尊心不是我们通常理解的"自豪""自负"，而是"自恋"。

自恋情结较强的人，也就是过分关心自我的人，受不了自尊心受伤，他们时刻渴望获得夸赞和表扬。"劳而无功"的状况之所以让他们饱受折磨，就是因为在这种状况下他们不能得到夸赞和表扬，他们的自尊心（也就是自恋情结）受到了伤害。

那么，如果一个人天生一本正经，责任感强，注重团队协作，结果却时常为"劳而无功"而烦恼，该如何是好呢？

这种性格的人一旦业绩不佳，往往会情绪低落，陷入"对不起公司"的自怨自艾之中。这种自责看上去像是出于对公司的感情，背后隐藏的其实也是"表示抱歉便万事大吉"的自恋情结。

所谓"业绩不佳的烦恼",虽然不同性格所表现出来的程度不同,但都算是一种保护自尊心的防御反应。

❖ 对标更优秀的人的"向上比较"是上进心的表现

当我们因为种种原因搞砸了工作,经常会陷入自怨自艾的情绪之中。"都怪上司""客户不靠谱""负责的这块区域太糟糕",倘若能够像这样发发牢骚转换心情的话那还算好,更痛苦的是把矛头直指自己,归咎于自己不争气。

这种情况也不见得就是坏事。自怨自艾,也可以理解为一种强烈的上进心。上进心与第 1 节介绍的"社会比较"存在一定的联系。

这里再略微解释一下"社会比较"。比方说,有时候我们和妻子吵架之后,整个人都很颓废,这时我们经常会自我安慰地想:"和那个婚姻即将亮红灯的人相比,我还算好的。"和境遇更糟的人相比,保持稳定的心态。这种与不如自己的人相比较的心理就是"向下比较"。一个总是进行向下比较的人,很可能是一个自视颇高、自尊心很强的人。

上进心强的人会进行"向上比较",对标比自己能力更强的人。把自己和前辈、上司放在一起做比较的人通常都有很强烈的进取精神。

如果你是一个因为业绩不佳而自怨自艾的人,那么就可以思考一下自己在与谁相比。只要对方是和自己同一层次或更高层次的人,那就无须多虑。树立"今天我之所以对自己不满意,是因为我能比今天干得更好"的观念,让自己重整旗鼓吧。

化自怨自艾为前进动力的重启清单

☐ 思考自己"业绩不佳"的比较对象是谁。

☐ "都怪上司""客户不靠谱",偶尔可以像这样发发牢骚来转换心情。

☐ 不要和条件不如自己的人做比较。

☐ 要对标比自己层次更高的人。

[**医生建议**] 既要与身边的同事做比较,更要敢于与老资历的前辈和上司"竞争"。

06 "辛勤付出却没有得到应有的褒奖"是在误导自己

❖ "高高在上地指指点点"带来的不满和焦虑

"我这么卖力,为什么得不到认可呢?"

你是否也在心里这样抱怨过呢?不单是薪酬待遇的问题,我怀疑其实相当多的人都觉得"自己获得的评价低得离谱"。

人除了"做出成就满足自我"的需求之外,还有希望他人认可自己的"尊重需求"。正确处理这种需求是破解现代社会沟通问题的钥匙。

如果职场里的上司和领导都很善于运用"褒奖"来激励下属,那么下属必然不会有类似的抱怨。但是日本拥有着根深蒂固的"批评重于表扬"的文化。

"我这么能干""论技术科室里舍我其谁",像这些自以为是的想法是非常危险的。因为"这么能干""舍我其谁"只是主观的自我评价,并不是他人给予的客观评价。

一旦陷入这种目空一切的自恋状态,就会逐渐忽略公认的客观标准。也许用"视若无睹"或者"不闻不问"形容这种状态更为贴切。总之就是被自恋所左右,从"我没有错""是别人狗眼看人低"的想法,逐渐发展为反感、仇视没有褒奖自己的人。

那些旁人稍作提醒便立刻恼羞成怒地回击说"不要高高在上,对我指指点点"的人,他们的烦恼或许就源自这种下意识的心理。

❖ 不要落入自命不凡的陷阱

实话实说,我也经常觉得自己"辛勤付出却没有得到应有的褒奖"。遇到类似情况时,我难免会对上司和单位产生一肚子怨气。

不过,我不会直接发作,而是让自己和上司或单位保持一定距离,或是冷静思考一段时间,一般最后我都会为自己方才的自命不凡而深感羞愧。汹涌而来的一时冲动，会严重影响人的思维和判断能力。

对自己没有获得认可的不满，将会轻而易举地转化为愤怒、反感、仇视等负面情绪。

反过来，负面情绪还会进一步助长不满情绪，从而陷入无休无止的恶性循环。

那么，有没有什么方法可以打破这个循环呢？

先说结论，有方法。感到不满的时候，我们可以从旁观者的角度重新审视自己的工作，也可以从上司斥责的话语中挖掘让工作精益求精的灵感。

简言之，就是"学会转变视角"。

纸上得来终觉浅，为此我们需要持之以恒的实际练习。每当脑海中出现"辛勤付出却没有得到应有的褒奖"的念头，我们就可以从利己的角度出发，把这种想法转变为"只要付出了努力，就一定对自己有好处"。

利己和自恋看上去十分相似，其实不然。利己是在修正认知，这是一种可以自我掌控的行为，它不像由自恋而生的愤怒那样难以控制。

刚开始的时候我们可能总是怒气难平，但随着我们逐渐养成从旁观者的角度审视自我的习惯，为人处世上就会实现一次质的飞跃。而你在更上一层楼之后，也会更加自如地控制自恋情结。

避免落入"高高在上地指指点点"陷阱的自查清单

☐ "付出却没有得到褒奖"的想法有没有演变为"别人狗眼看人低"?

☐ 有没有满脑子充斥着从不满转化而来的愤怒和反感?有没有片面地看待问题?

☐ 有没有把感恩之心抛到脑后?

☐ 有没有因为没来由的自负而藐视他人?

[医生建议] 当你感觉"大家都没有对我给出正确的评价",解决方法之一就是站在上司的视角客观审视自己。

07 "褒奖""升职"也会诱发焦虑

❖ 由来已久的"成功抑郁症""升职抑郁症"

某些人承受不住出人头地后的压力而陷入抑郁，这其实是精神科领域一种早已出现的现象。这种现象被赋予了恰如其分的名称——"成功抑郁症""升职抑郁症"，并且写入了医学生必修教材。

"成功抑郁症""升职抑郁症"可以追溯到德国精神病学家胡贝图斯·泰伦巴赫（Hubertus Tellenbach）所提出的假说。他认为生性一丝不苟、过于较真的人在升职之后，由于其管辖、责任范围扩大，他们会不断由外而内施加压力，强迫自己任何事都做到尽善尽美，从而引发抑郁症。这种状况虽然只是抑郁症病发原因之一，在临床上却很常见。

当然，大多数人都能够战胜压力，克服升职后面临的种种困难。但是被压力压垮，因此患上抑郁症的人也不在少数，而那些本就不擅长给下属分派工作的管理者则更是抑郁高发群体。

❖ "不想出人头地""想要降职"的时代到来了吗

过去，我们很少见到有人在被摸底是否想要高升或被委以重任的时候，表现得犹犹豫豫或是直接拒绝。然而在如今这个时代，越来越多的人宁愿拒绝升职、维持现状，也不想出人头地以后承担沉甸甸的压力和责任，其中甚至有些人希望降职。

这种情况可能会让某些人瞠目结舌，究竟是什么工作把人逼到这个份儿上？根据文部科学省的调查，学校里希望降级的老师人数不断增长。数据显示，2010年有221名已晋升为主干教谕、副校长、校长的教师主动提出降职。以精神疾病等身体原因提出降职的有100人，约占一半，降职的其他理由还有工作问题、家事等。

而且，具有"草食系"心理特征的人也越来越多。尽管没有到主动提出降职那一步，但他们也信奉"平平淡淡才是真,何必要出人头地,搞得自己紧张兮兮"。在他们看来,与其精神上饱受压力的折磨,不如维持现状,待遇和地位比上不足,比下有余,内心足够满足,个人生活质量又能得到保障,何乐而不为。

升职摸底,意味着自己的工作得到了认可,本身是一件值得高兴的事情。如果这个时候焦虑压力所形成的逃避的冲动占据上风,那么我们应该采取哪种"思维方式"予以化解呢?

❖ 和下属共同挑起肩上的担子

被升职所带来的焦虑和压力压得喘不过气来的人,往往都有很强的责任感和团队精神。时至今日,"成功抑郁症"这个概念依然具有说服力,也印证了这一点。

这类人典型的思维弊病就是认为公司和集体的利益是判断价值的首要标准。也就是作为一个"公司人",要能够为团队"抛头颅、洒热血"。这种做法在某些阶段会让人倍感充实,可是总有一天会身心俱疲,顿感"心如死灰"。

这时,不妨稍事休息,暂且告别职场"骨干"的舞台。

如果升职让你拥有能够掌控时间的、更大的自主权，那么你一定要好好利用这难得的机会。<u>打开格局，提高站位，学会激励下属</u>，合理分配工作，<u>重大事务要敢于放手</u>，这样不仅能让你保持工作的积极性，还能燃起战胜困难的斗志。

也不要忘记为自身健康和家庭生活留出时间，养成运动的好习惯，多多陪伴照顾家人。患上"升职抑郁症"的人往往习惯于以一己之力来解决问题和烦恼。不要怕麻烦，一定要保证自己与亲朋好友共处的时间。虽然有时候情感牵绊是滋生压力的"毒药"，但在更多的时候，它们是化解压力的"解药"。

告别"100% 工作狂"的思维方式

☐ 把工作放心地分派给下属。

☐ 和家人朋友轻松地聊聊天。

☐ 拓展工作之外的朋友圈,例如邻居、老友、带娃认识的其他孩子家长,等等。

☐ 节假日坚持进行一些与工作无关的业余活动。

☐ 不要刻意讨好下属。

[医生建议] 要留出时间,和家人或者是工作圈外的亲密无间的朋友聊聊天。

08 养成睡前回顾当天的成就和好事的习惯

❖ 留出"关爱"自己的空闲时光

试想你结束一天的工作回到家里。吃完晚饭到睡觉之前的这段时间,是你可以尽情享受的空闲时光,你可以忘却白天的繁忙,看看电视上上网,或者和家人聊一聊天。"今天可真累啊""又忙活了一天""当时要是这样做可能结果就不一样了吧",利用这段时间轻松愉快地回顾当天的经历。

临近睡觉,我们便要把注意力放在明天的待办事项上。如果第二天休息,那么我们就可以怀揣着"明天可以好好休息一下了"的心情欣然入眠。但如果是工作日,我想几乎没有人会在睡觉之前发自内心地呼唤"好期待明天的工作"吧。毕竟工作常与痛苦和焦虑相伴。

❖ 睡前只"复习好事"

即将就寝的时候,我们要有意识地关注明天的事情。如果心乱如麻地躺在床上,满脑子都是挥之不去的当天的糟糕经历,那么不仅会让我们迟迟难以入眠,还有可能影响睡眠质量,增加早上起床的难度。

回顾"好事",才能赶走萦绕心头的"坏事"。睡觉之前,复习今天发生的"好事"和自己达成的"成就",是一种改善心情的好方法。如果你在家吃晚餐,那你可以餐后在客厅一边消食一边回顾。如果你回家比较晚,也可以利用下班后在电车上或是开车回家的时间。

"好事""成就"当然是多多益善,不过即使只有三两件事,甚至只有一件事也没有关系,而且这些事情没有任何限制,比方说,"工作稍稍有些进展""下班路上买了一本爱看的书""在网上看到了一则有趣的新闻",等等。

你可以把它们写下来,也可以只是在脑子里过一遍。

❖ 重温自己的"成就"可以让人的意志更加强大

在我接诊前来门诊就医的患者时,话题往往围绕着精神萎靡、身体不适。尤其是状态不佳的患者,为了确保治疗的效果,我需要对他们感到不舒服的地方进行仔细询问。

不过,面对一些状态较好的患者,我也会询问正向的问题,比方说,"最近有没有好事呀"。即使大多数人回答说"也没什么特别的",但在问完这个问题之后,能看出他们的表情轻松了许多。

如果在下一个诊疗日我再次提出这个问题,有些人就会说出一些"好事",比如,"我在坚持散步""我开始备考了",等等。而这无疑强有力地证明了他们的病情正在好转。我相信重温自己的"好事",能够显著提升人的康复能力。

意志消沉的时候,旁人能够伸出援手自然是一件难能可贵的事情,但是也在无形中带来了压力和束缚,因此"自主"排遣非常重要。营造一个自己能够实实在在掌控的领域,即使这个领域很小,它对于保持精神健康而言也是不可或缺的。

"唉,怎么全是倒霉事儿。"我们可以把这样满腹牢骚的自己当作一个精神不振的朋友，用一种鼓励的心态，在心里为今天遇到的"好事"列一张清单，然后告诉这个"朋友"："你看，这不是还有这么多好事嘛。"

睡前回顾"好事"的自我提问清单

☐ 今天实现了哪些"成就"?

☐ 有没有尝试新鲜事物?

☐ 有没有快乐的时光?

☐ 有没有善待他人?

☐ 有没有学到新的知识?

☐ 有没有被某些事情所触动?

[医生建议] 让我们养成睡前回顾当天的"成就""好事"的习惯。晚上行动起来,来改善早上的"起床难"吧。

09　为未来忧心忡忡的时候怎么办

❖ "我真的是在向上攀登吗？"——对走下坡路的隐忧

本节的开篇部分或许有些悲观，然而整个日本乃至全世界接二连三发生的种种事件，都不禁让人对未来充满绝望。少子、老龄化和财政危机很可能会让安定祥和的生活毁于一旦。父母护理费、孩子教育费等经济负担，以及照顾家庭的时间，是每个上有老下有小的人迫在眉睫的难题。此外，还要时刻警惕大地震的风险和核污染的危机。

在经济飞速增长的神话年代，"有耕耘，就有收获"，因而人们能够忍耐辛勤地劳动。可现在神话已经灰飞烟灭，仅凭个人微弱的力量，根本无法逆转经济衰退的大潮。

曾几何时，只要勇往直前，就保证能够登上山顶。现如今这种保证已经荡然无存。初衷是勇攀高峰，直冲峰顶，结果莫名其妙走上了顺坡而下、猛兽出没的山野小道，连当晚的人身安全都保证不了，又何谈登顶。

与过去相比，当今社会人们对未来更加忧虑，压力之大不可同日而语。团块世代[1]的老一辈的建议也往往没有什么可取之处。为未来感到忧心忡忡的时候，我们该如何是好呢？

❖ 把关心的范围从"未来"缩小到"眼下"

不论是股市行情预测还是天气预报，从来都做不到料事如神。预测遥远的未来绝非一件简单的事情。

那么我们何不反其道而行之，把关注点从未来转移到眼下？如果我们始终无法摆脱对未来的忧虑，那不妨先集中精力完成手头的小目标。工作也好，家务活也罢，全神贯注地做自己能做到的事，重拾被焦虑压制的"自我控制感"。

避免眼高手低的错误，确保自己的付出都能取得相应的

---

1 1945 年至 1954 年出生的日本人，即战后婴儿潮时期出生的一代人。堺屋太一的小说《团块世代》（1976 年）出版后该词成为常用语。

效果。与此同时，慢慢积累必要的知识和自信，逐渐拓展自己可以掌控的范围。

关键在于"自我控制感"。眼睛一味盯着远方，脚下的步伐就会七零八落，从而削弱"我命由我不由天"的"自我控制感"。"自我控制感"一旦发生动摇，加之外界种种乱象和未来的不确定性，就会让人心神不宁，在焦虑面前变得脆弱不堪。

❖ 坠入失望、绝望的深渊之后如何自救

作为一名精神科医生，我的从医经历只有区区十余年，但已经无数次听说有人承受不住内心的绝望而表露出轻生的念头，有人自行了断未果被送至大学附院的急救病房之类的故事。我深知对于坠入绝望深渊的人来说，那些抖机灵的说教之词毫无意义。治疗心理创伤的唯一办法就是倾听。我们要做的是守候在他们身旁，一边点头应和一边安静地聆听他们凌乱的自我表达。

如果绝望的情绪已经发展到频繁排斥外界帮助的程度，我的建议是尽快与医生、心理咨询师等专业人士取得联系。

这种情况说明当事人有可能存在隐性的抑郁症等精神障碍。

如果家人能够理解,那么也可以向家人倾诉,但缺点是家人在情绪方面可能不会照顾得十分周全。而对朋友倾诉,也会对朋友造成精神负担。假如绝望的感觉始终非常强烈,寻死觅活的念头挥之不去,那么一定要找其他倾诉对象。由于患者较多,医生的诊疗时间有限,因此最好选择临床心理师常驻的心理诊所。虽然费用较高,但是能救人所急。

化解忧心忡忡的状态的行动计划

☐ 快要承受不住对未来的忧虑的时候,可以暂时缩小行动范围,把关注点放在眼前。

☐ 工作也好,家务活也罢,暂且做一些自己能够掌控的事情。

☐ 在肯定"成就"的基础上,逐步拓展可掌控的范围。

☐ 如果绝望的感觉始终非常强烈,则应当联系专业人士。

[医生建议] 缩小行动范围,保护"自我控制感"。

10 只要内心强大，就能以不变应万变地战胜焦虑

❖ 不存在"来历不明"的焦虑

上一节介绍了在眼高手低的思虑过重、对未来忧心忡忡濒临崩溃的时候，我们应该如何应对。但是，焦虑是每个人都时常产生的心理活动。很多时候，焦虑似乎是"来历不明"的，担心、恐惧之类的情绪并没有一个明确的对象。

强烈的焦虑情绪会引发心跳加速、呼吸急促，造成手发抖、声音发颤、嗓子干渴等交感神经过于兴奋的症状。身体也会出现肩颈僵硬、头疼等信号，注意力、思维能力也会变得迟钝。

如果原因不明的焦虑长时间持续，并对正常生活造成影响，常常会被诊断为"泛化焦虑"。

另一方面，许多时候我们也能大致找到焦虑的原因。比如人际关系、经济状况、对未来的担忧等，我们能够隐隐察觉，但是既无法向别人表述清楚，自己在纸上也写不明白，因而始终难以识破焦虑的庐山真面目。

❖ 解开郁结需要时间

那么我们能够识破焦虑的原因，解开这些纠葛、郁结吗？在回答这个问题之前，我需要简单介绍一下西格蒙德·弗洛伊德开创的精神分析心理学。

精神分析的研究对象是"无意识"。也就是在人的意识之外的"无意识"决定着人的行为。弗洛伊德认为，人有时会无意识地压抑那些在意识层面会招致痛苦的欲望，而人所表现出来的焦虑、紧张等神经性症状，就是转变了形态的被压抑的欲望。

既然症结在于"无意识"，那么精神分析治疗就需要时间和医术高超的心理医生。

❖ 不论如何，先行动起来

一个切合实际的方法，就是有意培养搁置郁结、无视焦虑的习惯和行动。这也是著名的神经疾病治疗法——森田疗法的灵魂所在。

森田疗法是一种注重通过行动来治疗焦虑症状的方法。最初只允许患者吃饭和上洗手间，迫使他们直面焦虑。大约一周以后，患者可以开始做一些较为清闲的工作，比如收拾院子。目的是让他们在大脑中形成"专注工作可以减轻焦虑"的观念。

前一节谈到，化解焦虑的方法之一就是把关注范围缩小到"眼下"。除此以外，"先完成，再完美"，果断采取行动的心态也十分重要。

严重的焦虑情绪会削弱人的"行动力"。怎么也迈不出第一步，就像一台无法启动的电脑。

即使对行动成果只有两成把握，也要先行动起来。从行动中获得体验能够逐步扭转遇到困难就打退堂鼓的思维弊病。可以说，森田疗法就是一种行动疗法。

识破焦虑源头的方法

☐ 全神贯注地去做一些简单的体力劳动,例如整理家务、打扫卫生。

☐ 即使行动成果只有两成把握,也要先行动起来。

☐ 要保持不惧失败、果断行动的心态。

☐ 如果身体上的不适长期得不到缓解,应当前往医疗机构就诊。

[医生建议] 从行动中获得体验是改正"遇到问题就逃避"的思维弊病的最佳方法。

第 二 章

6个方法
让你工作中的疲惫一扫而空

01 用运动驱散强颜欢笑的疲惫

❖ "服务业的职业倦怠"大肆蔓延的 21 世纪

我们精神科医生的工作是治疗患者,治疗的目的不仅是治愈痛苦的病症,而且要让患者回归社会。

不过,从我个人的感觉而言,近来由于精神疾患而难以回归社会的患者越来越多。造成这一状况的首要原因不在于患者,而是经济不景气所造成的就业环境恶化。但我认为,工作内容的变化对人们的影响更大。

服务业等第三产业逐渐取代农业、渔业、制造业等第一、第二产业,产业份额逐渐攀升。相对于农业、渔业、制造业等强度较高的体力劳动,服务业从业者更加轻松,但是若论"精神负荷",可谓是无出其右。

我认为大量人群从生产、制造领域转而从事服务业,与越来越多的抑郁症患者难以回归社会、越来越多的人在高负荷的人际交往和迎来送往的职业压力下患上抑郁症的现象存在着密切的联系。

❖ **职业笑容会积蓄疲劳感**

服务业注重的是服务品质。在当今这个时代，就连政府部门、医院都会举行关于"待人接物"的宣讲活动。面对来客，微笑服务只是基础，说话方式乃至一举手一投足都要达到很高的标准。

显然，工作中的"笑容"，和我们与亲密无间的亲朋好友相聚时的笑容完全是两码事。真正的笑容是内心情绪的自然流露，是不设防的，不必担心被旁人指指点点。

反观职业笑容，其背后是务必要将对方服务到位的紧张情绪和担心惹恼对方的警惕心理。

职业笑容经过长期锻炼并形成习惯以后，也许不会觉得特别痛苦，但是长时间强颜欢笑、紧绷神经，很可能造成一种难以言状的精神疲劳。

我如果一上午接诊 40 个人左右，就会感到脑袋发木。

虽然一直坐着，身体没有那么累，但要用心答疑解惑，不允许有半点闪失。我必须在很短的时间内做出准确的诊断，紧张焦虑的气氛始终笼罩着我。很多人也和我一样，何况还要保持"微笑"。

❖ **用运动来激活血清素**

现代社会的工作之所以更容易造成精神压力而非身体疲劳，原因之一就是越来越多的工种需要超负荷的脑力劳动。

那么我们该怎么应对这种情况呢？如果疲于强颜欢笑，那就运动起来吧。上班间隙，在办公楼内外溜达溜达；下班路上，少坐车，多走路；节假日的时候，要为自己预留运动的时间。如此一来，你的状态一定会大有改观。

研究表明，运动能够促进血清素分泌，提振低落的心情。血清素含量高，可以有效缓解紧张焦虑的情绪。

20世纪90年代以来，电脑已经成为工作中的必需品，人们也渐渐忘记了锻炼身体的重要性。既然久坐不动无法消除职场中的强颜欢笑带来的疲劳感，那就让我们适时放空大脑，见缝插针地把运动融入工作之中吧。去洗手间的路上，可以做一做伸展运动；返回座位之前，去买一杯茶，养成少量多次、放松身体的好习惯。

当职场笑容让我感到疲劳的时候，我就会四处走走转转，脑子里什么也不想，有时候爬一爬门诊楼的楼梯，有时候去一趟医院里的便利店。如果感到疲劳还总是坐着不动，只会让自己更加心力交瘁。

消除"职场笑容疲惫"的重启清单

☐ 不坐电梯,改爬楼梯。

☐ 不要一坐或一站就是一个小时。

☐ 见缝插针地锻炼身体,做一做伸展运动。

☐ 利用去洗手间之类的机会,少量多次地休息一下。

[**医生建议**] 精神疲劳比身体疲劳更容易缓解,活动身体,让紧绷的神经放松下来。

02 工作中举棋不定的时候要学会转移注意力

❖ **我们每天都要做无数次决定**

从日常购物之类的琐事到商务领域的大事小情,即使我们心里也不知道孰对孰错,每天都要被迫做出无数次"决定"。"决断力"是现代生活不可或缺的一种能力。

一旦丧失决断力,我们在生活中就会四处碰壁。尤其是生意场上无小事,商务人士在关键时刻优柔寡断,势必造成不可估量的损失。

决断力下降有许多原因,最常见的就是疲劳。疲劳、睡眠不足会影响思维和判断能力,决断力也会随之下滑。当你察觉自己因为疲劳而欠缺决断力的时候,一定要敢于推迟做决定。

你可以在心里制订一个原则，比方说做决定的前一晚睡一个好觉。假如身心没有特别疲惫的感觉，但依然感到头脑糊里糊涂，遇事迟疑不决，那就说明除了疲劳，还有其他原因作祟。有些时候问题出在心理层面。

"犹豫再三不知如何是好"的表现背后是畏惧失败、害怕吃亏的心理，是想要获得百分之百的成就感，不想因为做出错误决定而被上司批评，不想经历"唉，搞砸了"的挫败。举棋不定的根源就在于这种"逃避失败"的心理。

❖ 反思自己是否落入完美主义的陷阱

"研究得一清二楚之后再做决定，免得失败。""不能操之过急，可能还有遗漏。"如果像这样过度畏惧失败，做事瞻前顾后，只会白白浪费时间。

常言道，小心驶得万年船，但如果落入完美主义的陷阱，事到临头总是犹豫不决，工作就会举步维艰。这时，与其浪费时间追求尽善尽美，不如做到大差不差即可，保持一个良好的心态，最终效果可能会更好。有些时候还需要有当断则断的果敢。

那么，畏首畏尾，心里总惦记着悬而未决的事情的胶着状态，也就是"纠结"状态，我们应当如何化解呢？想要改正完美主义性格，绝非一朝一夕之功。

❖ 转换心情比冥思苦想更容易打破头脑的枷锁

完美主义者的行事风格往往是保守而慎重的。他们对失败和旁人的评价格外敏感。想要让这一类人打破禁锢头脑的完美主义的"枷锁"，就需要培养冒险精神，也就是不惧失败和失望，并敢于从中重整旗鼓的精神。

我们可以努力改变性格，从而削减对失败的焦虑，但除此以外还有更加切实可行的方法。当你感到决断力不足，不妨暂时放下工作，不去纠结悬而未决的事情，尽可能转变所处的环境，积极主动地远离焦虑。因为焦虑与决断力是此消彼长的关系。

做决定的过程，是平衡进攻和防守的过程，也就是要做到趋利避害。单凭严防死守不能确保自己立于不败之地，反之，踢出华丽的一脚，送出直插前场的一记妙传，远比一对一盯人防守的胜算更大。

决断力有无下降的自查清单

☐ 最近在办公室冥思苦想的时间越来越长。

☐ 有些事情思来想去就是下不了决心。

☐ 有人评价自己不能独立完成工作。

☐ 害怕失败,四处征询意见。

☐ 每次请示、汇报的时候都担心出错。

☐ 感觉自己做事不够果断。

[**医生建议**] 工作中举棋不定可能源于完美主义焦虑。要秉持"大差不差即可"的果敢心态。

03 适当放慢节奏反而是保护他人

❖ 争分夺秒的好处与坏处

和过去相比,如今大城市的电车和地铁站台的安全措施更加完善。很多车站的站台边缘都安装了防跌落、可开关的隔断。列车进站后,只有闸门部分可以通行。

这个隔断叫作"站台门",是一种防范乘客跌落铁道、被列车剐蹭等事故的安全措施。它不但能够保护一些喝醉的乘客,避免发生意外,还能有效避免列车到站后乘客一拥而上所引发的其他安全问题。

像我这样性情急躁的人常常会跟随人流一拥而上地冲进车厢,但是这样不仅有可能导致列车晚点,也给自己的人身安全造成威胁。

甚至不乏致人死亡的案例。例如,1995 年日本东海道新干线三岛站乘客跌落铁道，2007年山手线列车拖行婴儿车，等等。

倘若下一班电车还要等待一个小时，那么乘客匆忙上车的心情可以理解。人们都想尽早到达目的地，以免耽误工作或约会。可是，慌里慌张的状态很可能带来一些意想不到的麻烦。

除了挤地铁、赶电车，在其他一些事情上争分夺秒同样存在风险。例如，为了尽快发送邮件，结果没有及时发现赶工出来的文件存在严重失误，文本内容缺乏推敲，或者是发错了附件。速度固然重要，但速度也伴随着风险。

❖ 要不慌不忙地做好应做之事

火急火燎地盲目提高工作速度，想要早5分钟坐上电车，猛踩油门希望尽快抵达目的地……但是，那些事情真的值得我们冒这么大的风险吗？

我们不妨冷静地思考一下。比方说，我们本人不在，工作就会完全停滞，将会给他人造成无可挽回的损失；承接的工作必须如期完成，否则无法向对方交差。对于这些情况，我们从一开始就应该预留出充足的时间。以我为例,我只会在坐诊那天提前出门上班,因为坐诊医生不到位,门诊就无法接待患者,也基本不可能找到别人替班。

反之,我们之所以会在工作或路途中出现慌里慌张的情况,正是因为我们内心觉得这件事"晚一点的话的确不太好,但不是致命问题"。因此,这时候我们虽然不至于优哉游哉,但也不必过分焦虑,把应做之事做好即可。张皇失措并不能解决问题,不如诚恳地给对方打个电话,告知对方无法及时完成。善加利用沟通能力,以免一错再错。

假如你经常迟到,而且每次迟到都造成了巨大损失,那说明或许你的地位举足轻重,无人能够撼动,又或许是你已经被踢出了团队大名单。

❖ 走得慢才能走得远

但是,有些时候确实是时间紧迫,难免情不自禁地加快手里的动作。交感神经兴奋,血压升高,心跳加速,呼吸短促。这就好比是职业高尔夫球手,在比赛中也会因为紧张而打出比训练时更远的球。

即使略微放慢节奏,从旁观者的角度来看,我们的速度也够快了。速度越快,准确性就会相应下降。明智的做法是适当放慢脚步,提高准确性和安全性。

欲速则不达,类似的名言警句数不胜数。"安全驾驶",不仅是保护自己,也是在保护他人。

避免因为过分焦虑而犯错的自查清单

☐ 是不是没有检查随身物品就跑出家门?

☐ 有没有记下预约地点和对方的数据?

☐ 发送邮件之前有没有重读一遍,有没有检查附件?

☐ 打印文件之前有没有检查错字漏字?

☐ 时间来不及的时候有没有提前与对方沟通?

[**医生建议**] 心情焦虑的时候会情不自禁地加快节奏,但其实适当放慢速度才能让工作做得更加出色。

04　区分外在烦恼和内在烦恼

❖ **心理咨询不能从根本上消除烦恼**

每个人都有烦恼，烦恼有大有小，但若问"烦恼"究竟为何物，也许大家很难立即给出答案。即使烦恼的原因就摆在那里，我们也说不清楚为什么这件事情会让自己产生这种情绪。在我们烦恼的时候，烦恼的"焦点"经常模糊不清。

"心里明白怎么回事，可还是烦得很。""知道该做什么，但就是提不起精神。"这基本可以涵盖大多数的烦恼。

其实就诊时，医生和心理咨询师针对烦恼能够提供的解决方法很有限。这不是考试，每个问题都有对应的正确答案。医生和心理咨询师能做的只有倾听患者倾诉烦恼，整理困扰患者的问题，为后续解决烦恼提供帮助而已。

由此可见，如果我们能够自我整理困扰自身的问题，那么就可以多多少少地让自己舒服一些。

❖ 重在正确区分事实和想法

烦恼的时候，我们常常云里雾里，难以聚焦困扰自己的问题。因为人会不由自主地采取趋利避害的思维方式，规避面前束手无策的问题。这也是一遇到旁人指手画脚就会感到恼火的根源所在，因为道理大家都懂，却又无能为力。

面对无法解决的难题，每个人烦恼和苦闷的指向都是不同的。有的人会陷入自责之中，认为是自己不中用，但是近来越来越多的人把矛头指向了他人。

"公司差劲""上司无能""都怪前辈推荐我来这家公司"等外罚性反应必然会制造矛盾。人们为了保护自己，都或多或少地容易将问题归咎于他人，但如果不能正确区分客观事实和自己的主观想法，就会从自尊自爱演变为自私自负。

❖ 把烦恼写下来，可以有效区分事实和情绪

从精神医学的角度，我也不建议大家任由烦恼在脑海里

兜来转去。正如商务活动中，把工作计划和灵感写在纸上或者用绘图的方式可以达到事半功倍的效果，把烦恼转变为白纸黑字，同样是消除烦恼的不二法门。

实际上，这就是一种识别、修正自我认知的"认知疗法"。不用把这种疗法想得过于复杂，下面我们用一个非常简单的方法尝试一下。

准备一张 A4 纸，横向摆放，用线条从左至右将其平均分为三部分。左侧一列逐条列举"客观事实"，中间一列对应写上"自然发生的情绪"。为了避免条目过多，杂乱无章，刚开始的时候可以暂列五条。

写好以后，用心审视。而后在第二天，或者是两三天以后重新审视这些条目，并在右侧一列写上"其他想法"。

文字、图案等可视化手段非常适合心烦意乱、脑子里一团糨糊的时候。尽管尚无严谨的理论支撑，但显然在可视化呈现烦恼的过程中，大脑做出的反应与空想烦恼时截然不同。

正式的认知疗法还要写出理想的思维方式。不过不写也没有关系，摆脱烦恼困扰的第一步，就是要正确区分客观事实和自己的主观想法。

如何制作一张将烦恼可视化的清单

☐ 准备一张 A4 纸,横向摆放,用竖线将其从左至右平均分为三份。之后画五条横线,将整张纸分割为 3×5=15 个方格。

☐ 在左侧写出五个烦恼的"客观事实"。

☐ 在中间写出与之对应的自己"自然发生的情绪"。

☐ 要如实写出"自然发生的情绪",不要过多思考。

☐ 两三天后重新审视这张清单,在右侧写出"其他想法"。

[**医生建议**] 坦率地写出事实和自己的想法,让自己学会客观看待事物的能力和耐受力。

05 善于开口求助的人生活得更加轻松

❖ 单打独斗并非最佳选择

人人都讨厌那种自己两手一摊、只吃现成的"知识乞丐"。但是也有一类人在工作中习惯于单打独斗，靠自己在书籍和网络中查阅资料，凡事都不求人。

但是，仅凭一己之力想要100%地做成一件事，效率就会大打折扣。商业领域讲究的是及时报告、及时联络、及时商议，就是为了避免一个人行事的弊端。

独立自主解决问题的姿态当然十分重要。可是一旦个人有失偏颇的做法让工作误入歧途，那就得不偿失了。一方面，听取他人的合理意见很有必要。另一方面，尺有所短，寸有所长，在不擅长的领域接受他人帮助，也有利于优势互补，互相成就。

然而，请教他人、向他人求助，并不是一件容易开口的事情。

❖ 要学会寻求别人的帮助

我在读研修医[1]的时候，就很不擅长向上级医生请教。总是畏畏缩缩，生怕被对方嫌弃"怎么连这都不懂"。

但是后来有了临床经历之后，我意识到长此以往，我将永远无法胜任一名医生的职责。而且那家医院在开单检查、文件归档的方式等方面有许多约定俗成的规矩，这些是从教材、论文里学不到的。

想要维系我的职业生涯，唯一的方法就是变得勤学好问，不仅要请教负责指导我的医生，还要不耻下问地向护士、院务、患者讨教。这个道理适用于各行各业，不论你是做生意还是搞科研。

那么寻求帮助有没有什么秘诀呢？这里我想强调的是要

---

1 从医学部毕业后，通过国家考试取得医师执照，在指定医院接受临床实习研修的医生。

学会"察言观色"。要善于寻找对方方便的时间段,采用讨喜的求助方式,这也是一种处世之道。

即使对方生气地回绝说"没看我忙着吗",也不要因此气馁。一段时间过后,对方便会为自己发脾气而懊悔,而这或许会间接促成他欣然应允你的求助。

❖ 关键是树立"分担问题"的观念

可能有人会问,"求助"会不会让我在公司里处于不利地位?想要尽可能独立解决问题的心态也是人之常情。

较之于"求助","分担问题"这种表达方式或许更符合时代发展的要求。关键在于把个人疑问提升到团队课题的高度。

我在美国留学期间,深感日语和英语在主语使用方法上的差别。在讨论个人负责的研究项目时,英语不会用"I"(我),统统用"We"(我们)。以"We"为主语的邮件或文章,会让人有一种大家并肩作战的安心感,这也塑造了我"分担问题"的观念。

以"We"为主语重新审视眼下的难题,你也许就可以成为一个敢于寻求帮助的人。"We"囊括了所有团队成员,你不是孤掌难鸣。这个主语,就代表着"挑选合适的时机,与对方分担难题"的思维方式。

学会"分担问题"的行为改善清单

☐ 把遇到困难向他人求助看作一件自然而然的事情。

☐ 向别人请教的时候要学会"察言观色"。

☐ 从"求助"思维转变为"分担问题"思维。

☐ 以"We"而不是"I"的心态处理难题。

[医生建议] 养成不懂就问的好习惯。把口号从"Yes, I can"改为"Yes, we can"。

06 想方设法告别痛苦的"例行公事"

❖ 你有没有遭遇"麻木的例行公事"

调职或部门间岗位调动时,上一任同事与我们交接的工作,经常会包含一些莫名其妙的内容,让我们不禁心里嘀咕:"为什么会有这项工作?难道没有更高效的方法了吗?"

一边心说"全是无用功啊",一边又告诫自己"存在即合理",就这样逐渐习惯,也逐渐麻木。一旦陷入"麻木的例行公事",就会忘却"注重工作效率"的初心。

关键是要能够敏锐洞察工作内容中的疑点。因为很多时候,长年按部就班的工作会让一些本来不适应岗位需求的、无谓的工作内容相沿成习、代代相传。

在当今众多企业不断裁员和压缩预算的背景下,目的不明确的"例行公事"不但阻碍生产,还会损害员工的热情和积极性，甚至危及他们的精神健康。

❖ **重新审视毫无意义的"例行公事"**

作为职场改革者，当然要采取行动去改变、废除"例行公事"。但是正可谓"尾大不掉"，对于一个规模庞大的单位而言，突如其来的变化很容易招致反对的声音，阻碍改革创新的目的实现。

我们不要着急上手"改变""废除"，首先要思考哪些工作内容属于"例行公事"。每项工作内容的出现必有其原因。有些工作看似毫无意义，但结合整个公司或集体的目标重新审视之后，便可以找到其价值所在。

一台包含无数齿轮的机器，想要生产出优质产品，就离不开每一个正常运转的齿轮。我们不妨从宏观的、本质的目标出发，重新审视一下自己的工作。

"如果不做这项工作会怎样？这会不会是唯一可行的方法？"发挥自己的想象力，也可以有效转变对"例行公事"的看法。

❖ 怎样告别痛苦的"例行公事"

如果某项"例行公事"纯粹就是为了干而干,那么就要想办法改变它。告别例行公事,追求"轻松"工作的想法背后,蕴藏着提高工作效率、积极性、创造性的种种可能。不方便、不合适、不经济……这些都是发明之母。想方设法告别"例行公事"是每一个人的愿望。

最典型的无用功就是在 Excel 表格录入计算数据。对于时至今日 Excel 和 Word 用起来依然磕磕绊绊的我来说,撰写学位论文那段痛苦的时光简直无法忘怀。当时我还想当然地认为这才是艰苦治学,但是去美国留学以后,我的观念发生了翻天覆地的变化。我从一开始就应该利用 Excel 里面的宏功能来提高效率。

由于我不会编写复杂的宏,于是我拜托编写宏的能手帮忙,作为回报,我把自己独一份的研究内容欣然相授。

如果我怀揣着奇怪的自尊和"连这点事都要求人"的羞耻感,遇到难题之后一个人苦苦支撑,结果只能是耽误工作,还会加深自卑感,不利于心理健康。

我们可以像上面这个例子一样,把复杂的问题变简单,也可以进行系统性的改变。中断保留着老传统的工作，观察这样做是否会造成负面影响，无论是对个人还是集体而言，都不失为一个好方法。

这样做的前提同样是彼此之间开诚布公的人际关系。让我们从集体的角度出发，重新审视"例行公事"的意义，减轻大家的工作负担吧。

"例行公事"有无意义的自查清单

☐ 重新审视全部业务流程。

☐ 思考能否系统性削减工作内容。

☐ 思考各个部门、岗位的工作是否高效。

☐ 思考这项工作是否有存在的意义。

☐ 发掘、起用有潜力的人才。

[**医生建议**] 具备不同视角的想象力,才能洞察效率有待提升的"例行公事"。"例行公事"少了,压力水平便会应声而落。

第三章

排遣职场人际关系烦忧的 7 个 "怎么办"

01 不适应新团队和新职场的氛围怎么办

❖ 新的环境自然会带来压力

在日本,很多人都会在樱花盛开的四月迎来新的学习和工作环境。四月份的环境变化会在长假结束后的五月份一点点地侵蚀人的身心……讲到这里,想必许多人会联想到"五月病"[1]。

不过,这种影响也未必一定在五月份显现出来。或许是在撑过了五月之后梅雨连绵的六月,痛苦的感觉越发明显;或许是在休假一拖再拖、奖金评定不佳而情绪低落的时候;

---

[1] 每年四月为日本新财年、学年,在新环境经过一个月学习或工作的新人在五月初"黄金周"假期结束后,经常会显现出各种不适(多为抑郁、焦虑等情绪问题),这些症状统称为"五月病"。

又或许到了七月份突然间心灰意冷。

五月份前来倾诉苦衷的人当中，的确有不少是因为"不适应新的环境和氛围"。经过细致了解，他们的答案基本是固定的。

"氛围合不来。"

"风气不习惯。"

他们并没有遇到一些明目张胆的恶人，比方说，心术不正的老油条或者职场霸凌的领导。那么，这种压抑的"风气"究竟是什么？

❖ 即使不习惯新的"风气"也不必强求

"风气"通常指的是单位内部无法用言语表达的规则和人际关系。这也是行事作风含蓄的日本所特有的现象。"察言观色"往好听里说是体察彼此的情绪，往坏里说就是强迫个体服从集体。

对于不习惯的"风气"，有没有不委屈自己、应对自如的好方法呢？最值得一试的方法就是<u>不苛求自己与集体同步，留出与"风气"泾渭分明的独处时间</u>。我们当然可以从一开始就适应"风气",但过分迎合会产生压力,给自己的心灵造成重创。相比痛苦不堪地顺应新"风气",从适应起来较为轻松的事情做起可以增强耐性,这种逐步磨合的方式不仅更加切实可行,也更有利于身心健康。

❖ 现实与理想大相径庭怎么办

有时候我们意气风发地来到新的环境和部门,结果那里的氛围和我们的期望相去甚远。"不应该是这个样子的呀……"像这样满腹牢骚的人格外多。当我们想要把自己的期望落空归咎于他人,想要炮制出一个邪恶的角色来转嫁责任的时候,同样会说"氛围合不来""风气不习惯"。

其实换一种说法,所谓"设想""期望"就是自己凭空捏造的臆想。由此而生的愤懑不平,往往怪不得别人。正因为如此,我们找不到愤怒的宣泄口,最后不得不内化为郁闷的情绪。

职场是一个封闭的环境,如果我们身处其中感到闷闷不乐,那么不妨找职场之外的朋友倾诉一下自己的"设想"和"期望"。

"你是不是对别人期望太高了呀?"

"你太理想化了。"

这种旁观者清的评价很可能会转变你的看法。

人到了一个新的环境,那里的现实与自己的理想之间必然存在差距,如果我们能够懂得这个道理,那么心情就会放松一些。无论是天气预报还是彩票,哪怕是评价很高的餐厅,"期望落空"也都是常态。关键是在失望之余,我们要告诉自己:

"下次猜中就好。"

"猜中的概率本来就微乎其微。"

降低期望值,适度保护自己的理想,也不失为一个保持心态平和的好方法。

因为无法融入集体而苦恼时的重启诀窍

☐ 节假日留出独处的时间。

☐ 与"风气"保持若即若离的距离。

☐ 和职场以外的人谈心。

☐ 适度降低期望值,悦纳消极状态。

[医生建议] 快要被"氛围"压得喘不上气的时候,一定要留出独处的时间。要与"风气"保持若即若离的距离感。

02 跟某些人一打照面心里就犯堵怎么办

❖ 有没有因为某个合不来的人而不想上班

"唉,还要在那个部长手底下干一个星期……"
"怎么还要指导那个油盐不进的生瓜蛋子啊……"
"烦死了,那个客户又要无理搅三分了……"
只要没有某个人,工作就会很顺心……有这种想法的人肯定不在少数。我也一样,步入社会后自不必说,身边这种应付不来、不想打照面的人甚至可以追溯到上幼儿园的时候。

理想状况是最初彼此并不投缘,随着交往深入,误会涣然冰释。"刚开始还觉得这人挺讨厌,后来没想到他人这么好。"这也是一种有意义的人生体验。

每个人都拥有独一无二的价值观。年龄、外貌、成长环境、思维方式、谈吐品位，人与人的不同点远多于相同点。但是，有时候这种差异会让人心生反感。

❖ 对自己被训斥的经历耿耿于怀

最初的矛盾如果没有得到妥善解决，就有可能形成势如水火的人际关系。尤其是在上下级之间，指导、劝诫、叱责等交流方式屡见不鲜。最近人们开始提倡"鼓励"的重要性，但未必所有上级领导都是信奉"鼓励教育"的谦谦君子，总有一些领导飞扬跋扈、作威作福。

我们与对方合不来的原因之一，有可能是对自己曾遭到对方的否定而耿耿于怀，例如，"被训斥、被说三道四"，被骂得狗血淋头的经历历历在目，始终无法释怀。

根据脑科学研究，人愉快的记忆总是很快就抛之脑后，而悲哀的、屈辱的记忆总是刻骨铭心。

❖ **第一步是要发现对方身上的优点**

我们能否扭转与合不来的人所形成的不良的人际关系

呢？从心理学的角度而言是可以的。那就是为"刚开始还觉得这人挺讨厌，后来没想到他人这么好"的最终结论积极寻找依据。

让我们努力从合不来的人身上发掘优点吧。这个方法实际操作起来确实不简单，但是这个过程可以卓有成效地平息我们心中的怒气。

那么，具体应该怎样发现对方的优点呢？

由于我们戴着有色眼镜，单凭一己之力往往难以发现对方的优点，因此要利用聚餐之类的机会，把"那个部长真讨厌，那他有什么优点吗"的话题抛给他人。但凡他不是十恶不赦，每个人都能找出一两个优点。说不定部长在职场横行霸道，在家里却是一位疼爱孩子的慈父。我们通过聊天攀谈，了解合不来的人不为人知的一面，也许就会转变对他们的看法。只有依靠他人，我们才能获取新的认识。

不过，在一些人身上，我们确实找不到任何优点和好的方面。特别是在遇到职场骚扰之后，不要试图独自用这种方式为为非作歹之徒找理由，必须毫不留情地向第三方机构举报。

此外，一些人在与合不来的人对话的时候，会出现心跳加速、呼吸急促等状况。如果只是暂时性的现象，那么忍一忍就过去了，但如果影响到了食欲和睡眠的话则不容小觑。当与人面对面接触的紧张情绪危及身心健康，那么和朋友谈心就不足以解决问题了，应当及时去医疗机构就诊。

轻松应对合不来的人的方法

☐ 丢掉"被训斥等同于被讨厌"的错误想法。

☐ 要树立"人各有别"的观念。

☐ 借助他人的力量,寻找与自己合不来的人身上的优点。

☐ 遇到难缠的客户时寻求领导的帮助。

☐ 与人交往时保持距离,不要过分热情。

[医生建议] 借助他人的力量发掘与自己合不来的人身上的优点。

03 跟好传八卦的同事一起吃午餐觉得烦心怎么办

❖ **好传八卦的人需要的是倾诉对象**

每个职场都有那种喜欢散播小道消息和别人糗事的同事。例如，"A君和B君的关系很是蹊跷""课长好像被下放到外地去了"之类的消息，姑且不论真假，反正就没有他们不知道的。

消息灵通只是好传八卦的人的表象，这些人其实是控制不住自己向他人倾诉的欲望。"这事就在这儿说说算了""这事天知地知你知我知"，诸如此类的话他们可能遇到每个人都会这样说。因此，他们真正需要的是倾诉对象，而午餐时间就是一个绝佳的机会，可以一边吃饭，一边眉飞色舞地传播八卦。

当然，如果你也喜欢传八卦，也算是两相情愿。但也可能你对听八卦兴味索然，不想跟他们同桌就餐。一方面，听八卦确实可以获取一些有用的信息，而另一方面，听到的都是东家长西家短，这些闲言碎语也的确会影响自己的心情。

那么，我们应该怎样应付这些好传八卦的人呢？比方说，当他们约我们一起吃午餐的时候该怎么办呢？

❖ 借口减肥，保持距离

好传八卦的人大多是控制不住自己的倾诉欲望，但也有一些人是为了获得"百事通"的满足感，因此他们最受不了别人的反驳和拒绝。

一旦招惹这一类人，那么麻烦可就大了，我们自己极有可能沦为新的茶余饭后的谈资。保险起见，一定要避免正面冲突。

即便从未反驳和拒绝这些人，但一到饭点就唯恐避之不及的做法，久而久之也会让他们心生疑虑。好传八卦的人从来不会把疑虑藏着掖着，保不准什么时候他们口无遮拦，说出一些有关我们的流言蜚语。

如果偶尔听一次并不觉得特别烦躁,那么不妨公开宣布一下每周吃午餐的次数,也可以固定到某一天。用"控制午餐次数"的理由,避免伤害好传八卦的人的感情。

这个理由需要动一番脑筋。你可以借口要和其他部门的朋友一起吃饭,也可以假装有事,但我觉得,"生病"是最稳妥的拒绝理由。

假如自己的身体健健康康,又该怎么办?那么你可以假托减肥或代谢疾病。对外宣称自己减肥,把午餐时间纳入自己的掌控之中。例如,宣布自己每周一和周三只吃谷类食物和自己准备的减肥餐,从而避开不喜欢的就餐对象。

人们乐于支持那些努力奋斗的人。宣布减肥,其实利用的也是这种心理。

❖ **在为数不多共进午餐的时候保持友善的态度**

既然我们只是偶尔与好传八卦的人共进午餐,那么就要在倾听时采取肯定的态度。我们可以换一个角度看待好传八卦的人——他们具有一种用自己掌握的信息来愉悦他人的奉献精神。尽管一些消息不大中听,但如果转变思路,"且不说这人的消息准确与否,他确实向我透露了不少新消息",也许就不会有如坐针毡的感觉了。

真正品行不端的人从来不会在人前说东说西,他们只敢在暗地里搞一些诽谤领导之类的小动作。对于尖酸刻薄和口无遮拦的人,我们要学会有分寸地与他们相处。

与好传八卦的人和睦相处的诀窍

☐ 好传八卦的人需要的是倾诉对象。保险起见,我们在倾听时要采取肯定的态度。

☐ 用宣布减肥的方式减少兴味索然的午餐的次数。

☐ 用友善的心态看待好传八卦的人,他们并非一无是处,而是具有一种奉献精神。

[**医生建议**] 好传八卦的人确实有烦人的一面。了解他们的性格特点,与他们和睦相处。

04 讨厌"盛气凌人"的前辈怎么办

❖ **"盛气凌人"的人其实内心充满焦虑**

"我当年如何如何。"

"你老老实实照着我说的做不就行了?"

"你这样肯定不行啊。你得听我的(一副扬扬自得的面孔)!"

很幸运,我没有像这样被人亲口指点过。不过,这种目中无人、傲慢无礼的前辈倒是见过不少。

每个职场都能见到这种人,除了态度傲慢令人生厌之外,他们最明显的共同之处就是缺乏自知之明。

而且这种人十分武断,说话办事全凭个人经验,换言之,就是井底之蛙。他们只能通过虚张声势的方式来掩饰见识短浅的焦虑感,顶着"单位骨干"的名头抖抖威风,但根据我的经验，这个名头意味着他们不仅在公司里形单影只，也无法融入外部环境，除自家公司，对其他事情一无所知。

"单位骨干"乍一听十分唬人，其实这种身份还可以用另一种表述方式——"公司家里蹲"，俗称窝里横。因此，这种人尤其喜欢在身边的后辈或下属面前托大摆谱。而这些举动的背后，是缺乏自信的焦虑感。

❖ 不要继承"盛气凌人"的陋习

我们来分析一下"盛气凌人"的人的心理特征。这类人只是喜欢装腔作势，并不一定人品败坏。因此，第一要务是要学会心平气和地应对他们"盛气凌人"的做派。

最直接、最理想的方法就是尽可能地少跟这类人接触。谁也受不了日复一日，每天几个钟头和一个自命不凡的家伙待在一起。如果你需要时不时地与他们打交道，那么不妨胸襟开阔一些，包容这些"内心焦虑的前辈"。正因为他们自卑焦虑，才会想要在你这样的小同事面前秀优越感。

这里我想强调的是，切勿效仿"盛气凌人"的前辈。职场文化通过新老更替的方式代代相传。原本看不上那些颐指气使的上司和前辈，结果在不知不觉之间也成了和他们一样的人——这是一个不容轻视的问题。

我们要把"盛气凌人"的前辈当作反面教材，向平易近人、值得尊敬的前辈看齐，以谦冲自牧的优秀前辈为榜样。

❖ 提点"盛气凌人"的前辈

"盛气凌人"的人往往是光杆司令，即使他们精明能干，人们也会敬而远之。长远来看，"失道寡助"的结果是致命的，注定前途渺茫。但是，就这样眼睁睁地看着前辈落入这般田地，心里或许也不是滋味。不谦虚地说，我有办法可以改变他们"盛气凌人"的做派。

当然每个方法都不是十全十美的。比方说，我们可以邀请高傲的前辈出席经验分享会，或者是一起参加公司之外的研讨会、研学会、跨行业交流会等活动。

开阔眼界之后，也许他们就能放下自己的傲慢。如果对方断然拒绝了你的邀请，那么你就要优先进行自我调整，从心态和行动上时刻提醒自己，不要成为这种"盛气凌人"的前辈。

看透"盛气凌人"的人的心理并与之和睦相处的诀窍

☐ 要认识到"盛气凌人"的人是在用虚张声势的方式掩饰内心的焦虑。

☐ 缩短与"盛气凌人"的人相处的时间,避免与他们同处一室。

☐ 寻找值得尊重的前辈。

☐ 把"盛气凌人"的前辈当作反面教材,提醒自己不要成为这样的人。

☐ 拓展"盛气凌人"的前辈的社会阅历。

[**医生建议**] 缩短与令人生厌、"盛气凌人"的人相处的时间,增加与谦虚高尚、值得尊敬的人接触的时间。

05 害怕顶头上司，不敢请教问题怎么办

❖ **请教问题的时候上司总是板着脸，让人手足无措**

如今我也从医十余年，成为年轻大夫和学生提问的对象。说心里话，我很高兴有人向我请教问题。除了被人信赖的自豪感，我想大多数人在向他人传授知识和技能的时候都会油然而生一种喜悦之情。

不过，年轻人面对顶头上司的时候战战兢兢，不敢开口请教，其实也情有可原。我还是学生和研修医的时候同样如此，时至今日见到德高望重的老前辈，我依然会不由自主地流露出诚惶诚恐的神情。

<u>内容妥当、适逢其时的提问可以切实拉近你和上司的距离</u>。反之，不走大脑的提问则会破坏你们之间的关系，以至

于到了不敢开口的地步。

倘若你已经处于开不了口的境地，那么你就要"站在上司的角度"，回顾一下平时你都是在什么时间、用什么方式提出了什么样的问题。

❖ **怎样让对方更容易回答你的问题**

首先是内容。一个毫无自主探究痕迹的问题势必会让自己在对方心目中的印象大打折扣。如果能以"我对××做了一番研究，可是……"为开场白，那么至少证明你付出过努力。

第二个要点是时机。请教问题时观察上司的整体工作脉络，比如说，要找准工作"间隙"，尽早提出可能对上司工作造成影响的问题，等等。像上司从洗手间回来，工作中断稍事休息的时候，也是比较适合请教问题的时段。

最重要的是提问要简明扼要、易于理解。有一种比喻性的理论叫作"电梯演讲"。也就是说，如果你不能在乘坐电梯这段转瞬即逝的时间里表达清楚自己的观点，那就说明你并不是发自内心认同自己的观点。请教问题也是同样的道理，长篇大论意味着你并不清楚自己想要问什么。

直奔主题的提问必然会得到对方简单明了的回答。听上去很难做到，但是没关系，只需反复练习，熟能生巧。

不过，直言不讳、过于唐突的提问也会显得十分粗鲁。提问前礼貌地问一声"您现在方便吗"，结束时客气地道一句"谢谢您"，是非常重要的沟通手段。体贴周到的提问方式不仅更容易得到答案，也有利于营造舒适的人际关系。

❖ 提问惹怒对方，也好过不言不语而犯错

我明白，可能现实情况并不像想象的那样简单。我曾经也因为不得要领，在向领导请教的时候遭到对方训斥："你究竟想问什么！"

当时我沮丧至极，但即使心里面有个疙瘩，在该请教的时候依旧要硬着头皮请教。就算请教的时候被骂了，也好过遇到困难不言不语、单打独斗，最终落得一败涂地的境地。顶住压力请教问题，一来可以避免铸成大错，二来可以积累经验教训。对方发火必有其原因，我们不但要虚心接受，还要把这看作一次自我反思的机会。

假如对方因为一点鸡毛蒜皮的小事就大吼大叫，连珠炮似的反问……这种叱责和盘问更近乎情感宣泄而非理性指导，明显是一种情绪化的反应，这时你要用"这人脾气真差"之类的想法尽快扭转自己的情绪。

通常，被训斥的一方会念念不忘，训斥别人的一方则是眨眼间忘得一干二净。这种健忘是上了年纪的领导独有的一种"钝感力"。因此我们不妨就让不愉快随风而去，第二天若无其事地像往常一样和睦相处。

年轻就是"在挨骂中成长"，让我们来打磨自己的"提问力"吧。

掌握向上司请教问题的 5 个诀窍

☐ 请教之前问一声"您现在方便吗"。

☐ 自己事先要对所提出的问题进行一番研究。

☐ 观察上司的工作状态,找准提问时机。

☐ 问题要简明扼要。

☐ 请教之后要道谢和反馈。

[**医生建议**] 遭到训斥也不要气馁,努力提升自己请教问题的能力。

06 当丢三落四的下属让你火冒三丈的时候怎么办

❖ **上司让人烦恼，下属也不让人省心**

上一节讲的是因为不敢向上司和前辈请教问题而烦恼的下属，这一节咱们来聊一聊管理下属和后辈的领导者。

"这么简单的事情都记不住吗！"就算你没有这样当面训斥过下属，你心里也一定呐喊过无数遍。我也有相同的经历。

在大学附院里有这样一种机制，骨干指导医生同研修医、住院医师等资历尚浅的医生搭档进行诊疗。简单来说就是在职培训。

年轻医生的性格可谓是五花八门。有些是青年才俊未来可期，有些是事无巨细问个不停，有些独断专行，下诊断连个招呼都不打一声，尽管学识渊博、反应敏捷，但是缺乏礼节、礼貌等最基本的沟通素养。

作为一名骨干指导医生，我也希望手下一个个年轻有为，可是天不遂人愿。有一次，我指导他们开一服治疗发热的常用药方，药名说得明确无误，结果后来一看药方，上面赫然写着一味风马牛不相及的胃药。万幸这个药方被系统筛查了出来，避免了医疗事故的发生。想必类似风险不仅仅存在于医疗行业，而是各行各业的共性问题。

❖ 从一开始就要把下属看作少不更事的学生

上司、下属的关系其实并不是十分稳固。比方说，学校里的师生关系，是一种指导与被指导的上下级关系，彼此之间立场鲜明。

上司和下属的关系表面看起来也是上下级关系，但同时也是单位内部的同事关系，这一点与师生关系略有差异。

之所以训斥丢三落四的下属，是因为我们把下属看作"同事"。造成这种情况的根源是在我们看来，上司和下属虽然做着不同层次的工作，但是认知水平和工作态度应该处于同一层次。

反观学校里的老师,基本上不会因为学生功课不好而怒气冲天(当然近来也出现了与此不同的现象)。如果我们把下属看作学生,是不是就能够不再为他们的各种错误而大为光火了呢?从社会人的角度而言,书生气十足的下属确实让人头疼,但是我们能做的也只有把他们看作少不更事的学生,从心底包容他们、指导他们。

❖ **反思自己的指导方式**

前文介绍了我的下属弄错了我的指示并因此开错药方的例子。其实,在这个例子里我也难辞其咎。我不应该只是轻描淡写地口头吩咐一声,而且也不应该盲目信任我的下属,高估他们的理解能力。

从那以后,我总是在衣兜里揣一个罗地亚笔记本[1],把容易弄错的指示写在上面,然后再交给下属。而这种白纸黑字

---

1 罗地亚(RHODIA),创立于法国里昂的笔记本品牌,配有易于翻折的三条折痕,以及便于轻松书写的厚实底板。

的指导也提高了被指导者的效率，之后他们还私下向我表示了感谢。

如果你总是被下属和后辈气得火冒三丈，那么不妨反思一下自己的指导方式。安排工作的时候是不是杂七杂八地叮嘱很多件事，在做指示的时候有没有含混不清、语焉不详。要时刻牢记，指导他人的方式要简单明了，这样不仅可以减少自己大发雷霆的次数，还会收获旁人"想要在这位领导手下工作"之类的溢美之词。

最重要的是要扪心自问："我愿意为自己这样的上司工作吗？"如果略有迟疑，那么就要反思迟疑的原因，思考改正的方法，从而让自己距离"优秀上司"的身份更近一步。

避免对下属和后辈发火的诀窍

☐ 告诉自己,不要把下属看作与自己同一层次的同事。

☐ 火气上来的时候,要转变思维,把对方当作在校学生。

☐ 反思自己的指导方式有无问题。

☐ 自问自答"如果我是我的上司会怎么样",并改正从中发现的问题。

[医生建议] 有时我们要像教育学校里的学生那样,宽容地对待下属和后辈。

07 投诉者让你身心俱疲的时候怎么办

❖ 因为处理投诉而心力交瘁的人越来越多

我有好几位患者从事的都是售后客服之类的工作。我是一名精神科大夫,既然来门诊挂我的号,说明他们或多或少存在一些心理问题。

我注意到这些患者都出现了一些与职场直接相关的身体反应——"怕听电话""早晨说什么也不想上班""上班路上肚子隐隐作痛",等等。我大致了解了一下处理售后问题的工作,其内容之辛苦,劳动强度之大,不能不让人为之惊叹。

商业书籍上说:"顾客的投诉也是商机。"既然企业或组织提供服务,那么客户投诉就不可避免。然而,处理投诉的现场哪里像商业书籍描写的那样高端大气,而是无处不回荡着来自灵魂深处的呐喊——"我想逃离这里……"

说归说,但又无法真的逃离,而这也是苦恼的根源所在。如何减少售后工作对心灵的侵害,让我们来想想办法。

❖ **需要肯定、需要倾听**

我在和因为从事售后工作而陷入抑郁的患者谈话时,很多时候会借用与售后工作相似的谈话方式,也就是与对方共情,赞同对方的观点。

我们在许多书里都能看到,处理投诉纠纷的基本原则就是无论对方陈述的是不是事实,一律要用"是的""您说的对"之类肯定对方观点的话语来回复。因此,我们只需倾听那些被售后工作折腾得身心俱疲的患者的倾诉,回复说"真是不容易啊""有些顾客也真是过分",对患者而言就不亚于一剂灵丹妙药。

可见,从事售后工作的人不能一个人把苦闷憋在心里。对他们来说,能够倾听他们、肯定他们的亲朋好友比药更加重要。

换言之,你要学会为自己苦闷的心灵寻找一个"宣泄不满"的地方，通俗来说就是向别人倒一倒心里的苦水。

我当然不是让你摇身一变，自己成为那个难缠的客户。但是一定不能一味忍受旁人倾泻而来的负能量，"这份破差事快要干不下去了""跟有些家伙一说话心里就来气"，每隔一段时间你都要像这样把满腹牢骚一吐为快。

❖ 难缠的客户其实都很孤独

在商店里时而会看到愤怒的顾客对着店员大呼小叫，对于这种人，围观群众大多也会投去反感的目光。

顾客之所以出现怒斥店员的行为，源自花钱消费购买服务的优越感。私人恩怨另当别论，这类顾客常会不厌其烦地在买卖关系上找碴儿发泄自己的怒气。

从人性而言，投诉者的本质难道不是很可悲吗？以自我为中心、欺软怕硬，这些特点很难不让人联想到素质层面。

当然，很多时候自家产品或服务的确存在问题，那么从投诉者帮助我们查找问题的角度出发，我们自然要真诚地对待他们。但是，一个投诉者的投诉行为如果违反了社会的公序良俗，那就说明他只不过是一个品质低劣、空虚无趣，只敢对售后人员大发淫威的孤家寡人。

最后补充一句，如果你碰到反社会人格的投诉者，绝对不要一个人默默忍受，而要及时将情况反馈给上级领导和企业内专门负责此类事务的部门。毕竟面对这种情况，压力和责任理应大家共同承担。

因为投诉者而心力交瘁时的破解之法

□ 找机会把自己心里的"苦水"一吐为快。

□ 珍惜肯定自己的亲朋好友。

□ 要认识到投诉者其实都很孤独。

□ 不要试图凭借一己之力应付反社会人格的投诉者。

[医生建议] 时常也向其他人倒一倒自己工作中的"苦水"。

第 四 章

增强心灵免疫力、培塑心理韧性的9个规划

01　无须加班的时候要按时回家

❖ **从早晨开始工作就没有停歇，晚上加班必然事倍功半**

研究显示，人体内的细胞具备调节生理习惯的生物钟功能。人类睡眠节律主要由两个机制进行调节，一是"累了就要睡觉"的睡眠需求，二是生物钟发出的指令。

人类是一种生物，因此很难抗拒生物钟发出的"睡觉"指令。身体疲劳、睡眠不足的时候感到困倦，可以说是一种自然现象。

从早晨开始就一直孜孜不倦地工作，到了晚上还舍不得放手，也就是所谓的加班，这种行为违反了人体内调节生物节律的两个机制。

如果白天睡了一个好觉，那么就不会对晚上加班的效率造成明显影响。不仅睡眠需求较小，生物钟的指令也会相应推迟。但是，如果起了一个大早，上班路上又花费了一些时间，一整天也是忙忙碌碌，然后到了晚上还要继续工作……那么从脑科学、生物钟学而言，这种做法必然会导致效率低下。

晚上就应该休息和睡觉，这是一条自然规律。如果不尊重这条自然规律，深更半夜还奢求达到白天的工作质量，那纯属自讨苦吃。

❖ 枯燥的重复性劳动有没有占用你的业余时间

"部长突然说，要在明天之前把文件拟定好。"

"下属把资料弄错了，必须在明早之前把资料重新整理出来。"

有时候，我们会因为这样的紧急任务或"飞来横祸"而不得不加班。想必大家都有过为了完成工作，只能赶末班车回家或是直接睡在单位的经历。

时间紧迫的时候，比方说，第二天就是截止日，我们无须担心效率问题。因为在肾上腺素和去甲肾上腺素的作用下，我们的注意力会格外集中。

但是生理节律会强制让我们的大脑和身体休息，发出更强的"睡觉"指令。其外在表现就是我们工作中小错误不断，容易轻率地做出决断等。这一点需要特别注意。

最糟糕的情况就是加班加点做枯燥的重复性劳动。我们不仅要问自己，把加班时间用来做这种工作有意义吗？既然它只是没有意义的"无用功"，何必要让它毁掉宝贵的安眠之夜呢？关键是还要有毅然决然下班回家的勇气。

❖ 装样子的加班是对人生的浪费

你是不是也曾因为担心同事和单位对你戳脊梁骨而不敢按时下班？加班鼓捣一些可干可不干的工作，装出一副"勤奋刻苦"的样子，无论是对个人还是对单位来说都是一种悲哀。

如果一个单位把加班时长和"努力与否"的评价挂钩，那么这个单位注定走不长远。在职场中鼓励加班，也就意味着不重视效率和能力，不仅会导致人才外流，还会让更多的员工产生心理问题。

我们无须为这种毫无意义的单位风气牺牲自我。不妨大胆宣布每周两到三天自己要按时回家，打造"按时下班"的人设。一旦立住人设，大家也就习以为常了。当然，前提是要把工作扎扎实实地做到位。

我们还可以让加班时间为我所用，比如，考证、为日后心仪的工作做准备等。把"加班"转变为"自我提升"。

从装模作样的无用功获得满足感，只能说明自己和单位处于一种病态。我们要尽早抽身，不能在这种小丑行径中随波逐流。一方面要树立"这人到点就下班"的形象，另一方面偶尔加班"装装样子"，灵活应变，讲求策略，也不失为一种职场生存之道。

告别无用加班的重启计划

☐ 认识到"晚上应该休息和睡觉"是自然规律。

☐ 当你发现加班是在做无用功,那就毅然决然按时下班回家。

☐ 从业余学习入手,打造按时下班"人设"。

☐ 偶尔加班"装装样子",保证自我提升的时间。

[医生建议] 加班做无用功毫无意义。按时回家次日再战,效率反而更高。

02 对他人不吝赞美，他人也会投桃报李

❖ "赞美"之词比物质刺激更能打动人心

金钱是激发斗志最重要的因素吗？物质奖励当然不可忽视，但是只靠钱并不能充分调动人的积极性。我们说的不是追求道德情操的唯心主义，而是心理学当中一个著名现象——物质奖励对于提升内在动力具有反作用。

这个心理学现象叫作"侵蚀效应（undermine effect）"。人们通常认为提高劳动报酬能够激发工作的积极性，但这个现象告诉我们，物质奖励反而会削弱人们对工作的内在动力。

这或许让一些读者感到莫名其妙，那么我们来设想这样一个情景。比方说，同事调动到了其他岗位，需要换办公室，你和他关系不错，于是你不辞辛苦地一趟趟帮他把书、

文件、电脑搬了过去。

一般来说，搬完以后同事会对你连声道谢，或者说："今晚我请客，咱们吃烤肉去。"这都会让你感到劳有所得。一句感谢，或是一顿饭的心意，就足以表达他对你的感激之情。

但如果他递给你 5000 日元，对你说："拿着，辛苦了。"这时你会作何感想？你肯定感觉怪怪的。感谢的话语和心意能够激发你继续助人为乐的热情，可是一旦换成金钱，事情就完全变了味儿。

❖ "赞美"之词比物质刺激更能打动人心

"侵蚀效应"也得到了脑科学的证实，其中 2010 年玉川大学研究团队在美国国家科学院院刊发表的论文颇为著名。这次实验的受试者都是大学生。在实验中，大学生要根据自己对时间的感觉来掐表，最接近 5 秒钟的一半受试者可以获得 200 日元，其余一半受试者什么也没有。然后利用核磁共振来解析掐表过程中受试者的脑部活动。

无论有没有拿到 200 日元，两组受试者在掐准 5 秒的时候,脑部"基底核"的活跃度都明显提升。可见学生们参加实验的时候兴致勃勃,积极性与拿不拿钱没有关系。然而随着休息过后,实验人员通知所有人"酬金取消",在第二轮实验中,此前领到200日元的那些受试者"基底核"的活跃度就下降了。反观那些从未领到过200日元的受试者,他们两轮实验中的脑部活动并没有差别。

由此可见,"如果把物质刺激作为唯一的评价标准,就会挫伤人的积极性"这一论断确实存在科学依据。以我们医疗行业为例,如果只考虑经济报酬,那么工资最低的大学附属医院早就人去楼空。既然仍有医生在大学附属医院上班,就说明金钱不是唯一有价值的东西。

❖ "点赞"能够激发活力

金钱之外有价值的东西对于保持积极性至关重要。那么看似不值一钱,实则最为打动人心的东西,就是"赞美"。即使没有诉诸言语,被认可的感觉也会让人欢欣鼓舞。玩社交网络的人一定体会过被朋友"点赞"、受人瞩目的快乐。人们即便相隔千里也能收获赞美,这种感觉会调动他们积极向上的情绪。

如果我们自己带头不吝"赞美"之词，那么对方也会明白"赞美"的重要性。"赞美"不是自我满足，最理想的状态是感染亲朋好友，让身边每一个人都学会用语言或行动表达"赞美"，把"赞美""认可"调动积极性的作用散播开来。

"赞美"的关键是称赞对方努力的过程而非结果。既要对其予以肯定，有不当之处也要提醒对方。不能曲意逢迎，一味进行表扬。教育领域有一个"PNP"理论，是"Positive·Negative·Positive（积极·消极·积极）"的简称。这是一种很实用的方法——首先表扬，其次提出略显刺耳的意见，最后再次肯定对方的努力。不但发人深省，还能激发对方再接再厉的斗志。

用"赞美"激发斗志的行动计划

☐ 从结果出发,认可、表扬对方所付出的努力。

☐ 指导他人的时候要遵循肯定—否定—再肯定的顺序。

☐ 状态低迷的时候要积极作为,争取获得"赞美"。

[**医生建议**] 养成自己带头"赞美"他人的习惯。

03　每周都要保证 20% 的"个人时间"

❖ 过高的目标会让人内心疲惫不堪

"要以百米冲刺的状态工作。"

这确实是一句振奋人心的口号，在人生的某些阶段，这种态度不可或缺。但如果目标设定出现问题，就有可能让人的精神备受折磨。

从短期来看，不要给自己设定过高的目标。有些人做事一丝不苟，一旦没有实现自己构想的完美愿景，往往就会陷入自怨自艾的状态。有些人则会怒火中烧，埋怨公司和社会环境，把失败归咎于他人。

从长远来看，把自己所有的时间都投入工作之中，对个人生活和职业规划都没有好处。人生不只有工作。亲人、朋友、爱好、学习、休息，享受多姿多彩的生活才是人生。

而今，欧美、日本等所谓的发达国家在经济严重衰退、财政难以为继、失业率居高不下的泥潭里苦苦挣扎。一些不久之前还觉得倒闭离自己很遥远的大公司也开始对前景忧心忡忡。在这种大背景下，可以说围着工作团团转的生活方式、全身心投入工作的思维观念都存在着一些缺陷。

❖ 制订工作之外的"自我规划"

当今是一个特立独行、张扬个性的时代。想要纵享充实人生，就不能只盯着功过成败，而要注重在工作之外制订"自我规划"，拓宽生活的广度。

单从扩展人脉的角度而言，也不应该因为自己眼前的工作、单位和专业领域而固步自封。这不仅会让我们的价值观日渐狭隘，最危险的还是丧失未来诸多的发展机遇。

你为自己的未来制订"自我规划"了吗？你可以学一门外语，学习经管知识，也可以努力提高IT、软件技术。为了在生活中精打细算，实现饮食健康，去上一个家庭厨艺培训班也是一个不错的选择。

不必害怕失败，毕竟这些都不是工作。如果上手以后发现做不好,那就告诉自己:"看来我不是这块料啊。"然后毫无负担地去培养其他兴趣爱好。

❖ 暂且拿出"20%的时间"试试看

"想做的事情不少,可是一丁点时间都挤不出来。"
"忙活一整天,下班以后实在是没那个精力。"

对此我深表理解。谷歌公司制定了一个"20%的时间"制度,对此我们完全照搬并不现实,但是可以加以借鉴。

谷歌制定的"20%的时间"制度,就是员工可以把20%的工作时间用来开展创新项目。这样不仅能够激发员工的创造性和想象力,还能强化员工的内驱力。

较之于埋头苦干本职工作,独辟蹊径的工作项目不但可以开阔视野,还有助于让人看待问题更加客观、全面。

可能20%对大家来说很难做到,但是至少要为自己的人生规划留出一些时间,去做工作以外的事情。

在日程表上为"自我规划"留出一格,把脑海中的想法付诸行动。周一到周五,从中挑选一天尽量早些下班,傍晚时分在咖啡店读一读书,学习一些工作之外的知识,或者是去健身房锻炼身体。

让我们利用手边的记事本，或是电子日历等云端设备，马上开始自我规划吧。

"20% 的时间"

☐ 从兴趣出发,构思拓展生活广度"新规划"。

☐ 专门留出业余时间。

☐ 在记事本或云端记录"自我规划"的具体项目。

☐ 即使坚持不下去也不要责怪任何人,悦纳自己,然后重新开始。

[医生建议] 即使失败了也不要责怪自己或是责怪他人,而是悦纳自己,调整规划再度出发。

04 练习"冥想·正念"

❖ 什么是"冥想·正念"

在哈佛大学留学的时候,曾有学者建议我研究"冥想"和"脑波"。在医疗费高昂、尚未建立全民医保的美国,用以替代药物和手术的"替代疗法"的相关研究颇为盛行。

这里所说的"冥想"不是宗教中让人开悟的"冥想",简言之,就是"一种闭上眼睛打坐的放松方式"。"正念"则是更高层次的"冥想"。"正念"的含义是"集中注意力"。日常生活或工作的时候,我们的注意力并不是百分之百集中的。就比如没有人能把乘电车上下班途中所见到的每一个情景都记得清清楚楚。

这种状态的心理学专业称谓是"自动驾驶状态"。也就是心里正在回顾过去和畅想未来,注意力没有集中于现实场景。想要更加自觉地感知正在发生的事情，就要有意识地关注每个瞬间，摆脱"自动驾驶状态"。"正念"其实就是把注意力集中在此时此刻。

我们可以通过参禅、冥想、瑜伽等各种方式来进行"正念"练习，通常这些练习都需要专业人士给予正确引导。即使没有专业人士指导，我们在掌握相关知识以后，也可以借助这些方式达到放松身心的目的，告别药物和成瘾性物质。

❖ "冥想·正念"可以让大脑焕然一新

20世纪80年代，美国将"冥想·正念"纳入治疗方法并且取得了显著成果，包括用于治疗焦虑、抑郁、慢性疼痛、高血压、高胆固醇血症等。公布的研究表明，"冥想·正念"还可能具有提升免疫功能、细胞层级抗衰老功能等潜在功效。

2011年，哈佛大学发表了一篇内容翔实的论文，我简单介绍一下。哈佛大学、马萨诸塞州综合医院组成的团队对上过8个星期"正念"课程的人和没有上过课的人的脑组织进行了对比研究。所谓为期8周的课程，就是每周上课一次,每次时长两个半小时,课后在家自行练习。

研究结果显示,上过"正念"课程的人,额叶等脑区的灰白质的密度增大了。灰白质是脑内神经细胞(Neuron)大量聚集的部位。也就是说,脑内神经细胞本身数量增加,变得更加密集。

研究人员认为,"冥想"的放松作用让血清素、去甲肾上腺素更为活跃,而这很可能也是灰白质密度增大的原因之一。因此我们不能用"都是心理作用"而轻易否定冥想的功效。

❖ 日常生活中的"发呆"就是一种巧妙的"冥想"

我觉得在日常生活中,我们不要管"正念""冥想"这类晦涩的词语,只要"发呆"一会儿,同样可以起到放松的效果。

在办公室、咖啡馆、自家的沙发,关闭电视等杂音,可能的话干脆把手机也关机,然后"发呆"15分钟。15分钟看似很短,但实际尝试一次就会发现,什么都不做的话,这15分钟相当漫长。其间我们可能会情不自禁地产生干点什么的想法，这时一定要克制住自己的思绪，有意识地深呼吸，把注意力集中在"发呆"这件事上。

我们还可以善用具有引导"冥想"功能的智能手机APP。

用"发呆"的方式对大脑进行放松之后，疲惫不堪的额叶就像做过"冥想"一样恢复如常，获得专注于当下的力量。

"正念"课程要求

☐ 放松地坐在一间安静的屋子里,手置于膝盖之上。

☐ 关闭手机、电视。

☐ 闭上双眼,全身放松。

☐ 用鼻子呼吸。把注意力集中在呼吸上。

☐ 有意识地深呼吸。

☐ 标准时长为 10 ~ 15 分钟。

[**医生建议**] 不妨先来尝试一下"发呆"15 分钟吧。

05 至少要有一个工作之外的"知心朋友"

❖ 公司之外的朋友能让你焕发活力

围坐在饭桌、酒桌旁边互倒苦水——这恐怕是我们谈及解压方式的时候最先想到的画面。新近流行的"女子会"[1]，其作用应该也与之类似。我不但经常向患者推荐，自己也不定期地参加这些活动。

不过要注意的是，发牢骚、吐苦水的时候不要只找本单位的同事，而要有意识地组织或参加一些没有同事参加的局。

---

[1] 仅女性参加的聚会，如聚餐、茶会、酒会、运动、旅行等，聚会时可以不考虑异性的感受，享受畅所欲言的氛围。该词语出现于 2008 年前后，2010 年入选日本十大流行语。

同一个单位的同事或朋友对聊天的背景一清二楚，便利之处是无须多费口舌解释"我上司这样一个人"，但也经常因此聊着聊着就发起牢骚或者说起别人的坏话。

如果和工作之外的朋友在一起，则更容易得到正向的刺激。隔行如隔山，"中国来的客户实在是太精明了"之类的牢骚话对方并不会觉得是一种抱怨，只会觉得新奇，而我们在这一过程中也能体会到别样的价值观。

不牵涉你的工作的朋友，对你的牢骚话会给出不同于你同事的看法。相比碍于情面、点到为止的同事聚餐，你的朋友能够提供你接触不到的信息和新鲜的刺激，从而更有利于你焕发活力。

❖ **知心朋友并非多多益善**

发牢骚的本质需求是让对方肯定自己的"不容易"，理论上肯定自己的人越多，自己的满足感就越强。

但是，"谈心"这种行为的目的则是让对方充分理解自己，为自己出谋划策，因此，挑选知心朋友看重的是对方是否值得信赖、是否意气相投，而不是盲目追求数量。

有一个词语叫作"Doctor Shopping",指的是患者为了获得最准确的诊断和最佳治疗效果四处求医问药。不可否认,固然存在一些与患者脾气不合或医术不精的医生,有时候换一位医生也的确能让治疗更进一步,但在我研修医阶段指导我的老师曾对我说,如果某位患者以"话不投机"为由再三更换医生,那么十有八九问题出在患者身上。

谈心的朋友越多,他们理解上的差异也就越大,建议也是五花八门,反而会让自己更加不知所措。明智的做法是把知心朋友锁定为某一个真正值得信赖的人。

❖ **不要过度依赖朋友**

能够向其敞开心扉的朋友最好与我们的工作无关,因为职场的固定观念会束缚他们看问题的角度。

但是,当我们面对职场骚扰、劳动环境缺陷等个人无能为力的严重问题的时候,一定要一五一十地向职场部门负责人反映。

面对这种情形,我们同样可以参考工作以外的朋友的意见,有时候他们的鼓励能让我们获得与不当行为做斗争的勇气。

不过我们也要认识到，最终解决问题还是要靠我们自己，过度依赖朋友，甚至有可能把朋友越推越远。两分靠他人，八分靠自己，是时候拿出愿意接受建议并作出贡献的心态来激励自己了。当然，也不要忘记向对方表达感激之情。

结交工作之外的朋友，要靠自己；不断解决难题，更要靠自己。

是否擅长倾诉烦恼的自查清单

□ 是不是只听同事的意见?

□ 有没有随便找一群人倾诉烦恼?

□ 是不是遇到困难就打退堂鼓?

□ 有没有过度依赖朋友?

□ 有没有想过帮助别人渡过难关?

□ 有没有向对方表示感谢?

[**医生建议**] 挑选一个意气相投的人作为知心朋友,秉持尊重的态度,向对方敞开心扉。

06 用充实的周末生活吹散下周一的阴霾

❖ **周末的生活质量取决于周五的夜晚**

充实地度过周末,对于奠定下一周的良好基调至关重要。周末过得不好,新的一周必定会很难熬。

至于周末的充实度,则取决于我们在工作结束之后度过周五夜晚的方式。想要度过一个轻松惬意的周末,首先周五晚上不能放纵。如果在周末前一天盘算着"反正明天休息",通宵看碟,第二天一口气睡到日上三竿,或者是和朋友喝得酩酊大醉,直到周六下午才终于清醒过来,那么在难得的休息日不仅不会有任何满足感,还会被深深的负罪感和自责等负面情绪所笼罩。

工作结束之后,选择正确度过周五的方式,是度过一个充实周末的秘诀。

❖ **怎样避免"忧郁星期一"（Blue Monday）**

那么到了周末是不是就可以放纵自己了呢？偶尔一次当然无可厚非。

不过，周末的放纵直接影响着周一的状态。周末自由散漫，那么就不得不在周一一早恢复正常的生活节奏。然而周一早晨本身就要调整工作状态，如此一来，人的生物钟势必会被强行改变。于是，周一，尤其是周一早上就沦为痛苦的"忧郁星期一"。

但凡不是那种生龙活虎、精力旺盛异乎寻常的人，必定都经历过"忧郁星期一"。人有"生理节律"，人体内的所有细胞都要遵循生物钟。

周末纵情玩乐，把生活节奏弄得乱七八糟，会造成人体生理节律紊乱。不过，"忧郁星期一"虽然没有特效药，但只要不在周末通宵达旦地疯玩疯闹、暴饮暴食，生理节律就不会出现太大问题。

❖ **周末计划也要张弛有度**

话虽如此，我们也没必要在制订计划时追求完美无瑕，像节拍器那样维持生活节奏。周末的计划要能经得起微调，比方说，睡两个小时的懒觉。

不过，像是那种一觉睡到太阳偏西，起床以后又呆坐着看电视一直看到天黑之类的做法，则会极大地扰乱生活和生理节奏。

随心所欲、浑浑噩噩是人的天性。因此，在周末也要制订张弛有度的计划，从而有效避免节奏被打乱。

我们也无须刻意列入一些兴味索然的人和事，只需把休息日拆分为上午、下午和晚上三个部分，这样在制订计划的时候便会轻松许多。比方说，周六上午在家休息和慢跑锻炼，下午的时间留给家人，晚上小酌一杯，享受一顿美餐。

我们可以自由拆分时段，可以分为早、中、晚三段，也可以分为上午、下午两段。不过，在我们制订好大致计划之后，千万不要死板地恪守计划。计划赶不上变化，计划也要有留白。

如果我们笼统地设想"明天一天干些什么好呢",那么常常会找不到头绪。不妨把一整天拆分开来,在尽享周末的同时保持健康的生活节奏。

调节生物钟的好方法

☐ 工作日和休息日的前一天都不要熬夜或喝醉。

☐ 休息日也要尽可能保持生活节奏,轻易不要睡超过两个小时的懒觉或是在睡前暴饮暴食。

☐ 把休息日拆分为上、下午等时段,制订相应的计划。

☐ 计划要留出空余时间,确保休息日可以轻松应对意外情况。

[**医生建议**] 只有休息日保持节奏,工作日才能保持状态。

07　健走为心灵注入能量

❖ **每天健走为什么有益于身心**

治疗肥胖、代谢综合征的诀窍不外乎注意饮食和运动。当医生和朋友劝你"动起来"的时候，你首选的运动会是什么呢？

喜欢运动的人可以根据自己的爱好来选择运动方式。高尔夫爱好者可以去高尔夫练习场，或是锻炼肌肉，提升击球距离。游泳健将的首选自然是家附近的泳池。

麻烦的是以下这些情况：学生时代埋头学习、四体不勤，没有擅长的运动项目；此前参与的都是团体项目，如今一个人玩不了；因为受伤等健康原因无法继续从事喜欢的运动，等等。实话实说，我本人从小也是一个好静不好动的人，不喜欢上体育课。如果强迫一个人去做他本身不喜欢的事情，那么他肯定坚持不下去。比方说，让一个讨厌跑步的人慢跑，让一个喜欢独处的人参加足球、棒球之类的团体运动，不仅提不起任何兴趣，反而会成为一种负担。

对于不喜欢运动或者由于种种原因不能从事剧烈运动的人来说，健走是最为简便易行的保持健康的方式。只需稍稍加快一点速度，保持较高的心率，坚持步行30分钟，就能收获良好的效果。

健走不仅可以锻炼身体，还能改善人的精神状态。哲学家西田几多郎就是一边散步一边进行哲学思考的代表人物，据说史蒂夫·乔布斯也热衷于在散步的时候召开会议。因此，我建议那些下定决心锻炼身体却又迟迟迈不出第一步的人，不妨从健走开始。

❖ **陌生的风景可以刺激大脑**

每天沿着同一路线散步显然是一件十分乏味的事情。如果你也这样想，那就可以选择去陌生的地方走一走。

不必是旅游景点或是期盼已久的店铺，只要是陌生的景色，就能带给人新的发现。"这里居然有寺院和神社。"有时这些景色还会让你感到别样的精彩。在商业街、咖啡店走走转转，不仅愉悦身心，还能呼吸到自然的空气。

关键是要用体验新鲜事物的看法和思维去欣赏陌生的风景。观察街景建筑也是了解社会的一个渠道。如果身处都市，你就会发现一栋栋公寓拔地而起，停车场不断扩建，外国人源源不断地赴日旅游，还会看到日渐凋敝的商业街，一排排关门歇业的门店，比看书读报更为真实地感受日本严峻的经济形势，真正有一种身临其境的感觉。

❖ 随心所欲的散步是提升内驱力的最佳方式

谁都想来一次能为自己加油鼓劲、让自己变得积极向上的散步。方法很简单，造访与自己梦想有关的地方。

"总有一天我要住在这片地方。"

"我想在这里开个店。"

"想让孩子来这所高中上学。"

让我们去实地造访能为未来注入希望的地方吧。不要满足于想象，用自己的双眼真真切切地看到，然后把这种亲身经历储存在大脑之中，这样才有意义。

既然好不容易来一次，不妨用手机里的照相和记录生活日常的软件拍照留念。我就常用"Foursquare"软件来记录生活。随心所欲地散步不但可以借助智能软件与他人分享旅程，还可以提高内在动力，为明天的奋斗注入能量。

怎样开启一次提升内驱力的"随心所欲的散步"

☐ 不擅长运动的人可以从 30 分钟的健走开始。

☐ 乘电车或驱车前往陌生街道,在那里随心所欲地走一走。

☐ 即使距离较远,也一定要去一次与"梦想"有关、能够提升内在动力的地方。

☐ 可以借助智能手机软件,在与梦想有关的地方拍照留念。

[**医生建议**] 如果你有未来想要在那里安家的梦想中的地方,一定要实地造访一下。

08 勇敢挑战，不要害怕自己毅力不足

❖ **回避挑战的萧条时代**

上岁数的人往往不愿意尝试新鲜事物。然而其他年龄段的人千万不要以为只有老年人才会这样，如今不少二三十岁的年轻人的挑战精神同样日渐衰弱。

出国留学的日本人越来越少，这甚至已经成为热门新闻。美国国际教育研究所（Institute of International Education）最新报告显示，2010年美国大学的日本留学生人数为21290人，同比下降14.3%。而2000年这个数字是46872人，10年内下降了一半多。

当然，日本国内也存在年轻人口减少、学生就业意愿强于留学意愿等因素，但是不可否认日本正在变得更加保守。留学人数下降只是表象之一，不论男女老少，日本人回避挑

战的状况体现在了方方面面。

❖ 回避挑战是恐惧心理作祟

我们从一些上了年纪、渴望生活安安稳稳、波澜不惊的人身上，经常能够捕捉到厌恶变化的守旧思维或是"现在这样就挺好"的保守倾向。

一个人从学生步入社会到成家立业，他越是见多识广，就越是习惯于依靠自己记忆中的经历来处理工作和生活。成功的经验和失败的教训左右着他对新事物的判断。

人们往往更畏惧失败，懂得要吃一堑长一智，牢记失败的教训，避免以后重蹈覆辙。

然而最危险的不是失败，而是舍不得丢弃过去的成功经验。想必你身边一定有这样的领导——他的逻辑就是"当年我就是这样成功的，你现在照做就行"，他对未来的判断、预测完全依赖以往成功的经验，但其实他的经验早已被时代所抛弃。

政治上的保守和惯性思维同样十分危险，伦敦大学学院的团队做过这样一个有趣的研究。该团队邀请政客和学生参与实验，按照政治倾向将他们分为自由派和保守派，然后用核磁共振检查了两派的脑部功能，结果发现保守派杏仁核的体积大于自由派，而杏仁核是恐惧、反感等负面情绪的源头。虽然单纯这一个实验并不具有普遍性，但是我们也能从中看出，具有保守派倾向的人的深层心理是渴望安稳以及"太麻烦了，不想改变"之类对变化的厌恶和畏惧。

❖ 不再害怕自己缺乏毅力，可以让额叶更加活跃

自由派的大脑又是什么样的呢？和保守派相比，自由派的前扣带皮层的体积更大。前扣带皮层是额叶的一部分，具有理解复杂事物和调节不确定性等功能。

姑且不论政治信仰，人对新鲜事物的喜好很大程度上受额叶的影响。因为额叶能够有效抑制杏仁核所产生的对新事物的恐惧感。

那么，我们怎样做才能让额叶更加活跃呢？

一个行之有效的方法就是不厌其烦地尝试新事物。

运动、乐器、讲座，什么都可以。放手尝试，不必担心自己是否适合，也不必担心能否坚持下去，更不用害怕三天

打鱼,两天晒网。恐惧正是一种阻碍挑战的情绪。

　　尝试朋友的兴趣爱好,是最便捷也是最有可能坚持下去的做法。不但可以结交更多志同道合的朋友,扩大交流圈子,还能以此减轻"好麻烦啊"所掩饰的自己对变化的恐惧感。

减轻因变化而生的焦虑的行动规划

- ☐ 挑战自己感兴趣的新鲜事物。
- ☐ 告诉朋友你要进行新的挑战。
- ☐ 融入朋友的兴趣圈子。

[**医生建议**] 与朋友结伴挑战,可以减轻对自己毅力不足的焦虑。

09　坚持不住的时候回顾当年的清新感

❖ **你还记得进入公司伊始时的心情吗**

有些人是在一家公司忠心耿耿、奉献一生的"犬系",有些人是自由奔放、不停调换岗位寻求发展的"猫系"。从职业生涯的角度而言,这两类人各有利弊。

考虑到福利待遇,目前"犬系"更加吃香,退休金、年金更高。在同一家公司干一辈子,安稳归安稳,但不可否认也是枯燥乏味的。

"猫系"给人的印象是频繁在外资企业跳槽,这类人需要具备适应变化的能力。看似人生波澜壮阔,但也会被贴上"不踏实"的标签。

至于孰优孰劣,并没有明确的答案。不过,最近这样一类人越来越常见——他们因为"和自己想的不一样""没两天就和同事闹僵了"等原因无法适应工作，在前途一片渺茫的情况下不断贸然更换工作，境遇格外令人担忧。

可想而知，这类人年轻的时候心比天高，感觉自己才华出众、能当大任，结果一事无成，总是有始无终地跳槽再跳槽，直到无路可走。

因此，当你想要辞职的时候，不如回想一下自己刚刚步入社会时的样子。那时忐忑不安，但又充满希望。回忆过往，也许就能让你重新找到脚踏实地、"再拼搏一下"的动力。

❖ **重读毕业论文，找回初心**

当你感到对公司不耐烦的时候，重读简历和毕业论文，是鼓起干劲的一种有效方法。当年自己喜爱什么、想做什么，小时候有什么理想，等等。虽然重温稚嫩的自己有点难为情，但是说不定会有一些有趣的发现。

不要过分拘泥于今时今日的结果。多回想一下写简历、写毕业论文时候的自己。你或许会惊讶于当年的意气风发，又或许会感慨于当时的所思所想，再反观而今的自己，便会发现自己的成长进步。不仅可以多多少少找回一点青春洋溢的感觉，也会给早已习惯了的一潭死水的生活送入一阵春风。

❖ **重拾自己忘却的长处**

重读简历，有时我们还会惊奇地发现"原来我还有这么一段经历""我居然有一个证书一直没用上"，这种对过往经历的新认识，对于调整未来目标和生活方式也大有裨益。

毕业论文同样能够唤醒我们的初心。即使现在遭遇了挫折，但只要当初的梦想还在，哪怕只剩一点点，也有重新开始的价值。

重新开始弹钢琴，去棒球训练场，制作模型。重拾长大后渐行渐远的儿时的快乐，可以为我们的精神带来积极的影响。

让患者回顾曾经光辉灿烂的青壮年时期从而达到治疗目的，在医学上叫作"回想疗法"，这种疗法面向的是老年人，但是稍加调整，也未尝不可适用于当下的年轻群体。

简便可行、重拾初心的行动计划

☐ 重读自己的简历。

☐ 重读毕业论文。

☐ 想要辞职的时候，重读简历让自己冷静下来。

☐ 重新确认一下简历上的成绩。

☐ 重拾年少时的兴趣爱好或者体育运动。

[医生建议] 重拾儿时的快乐，可以有效排解心中的郁结。

第五章

7节课改变思维和行动弊端，让你斗志重燃

01　4个好习惯让你睡得更香

❖ 白天困得眼皮打架是嗜睡症吗

我也在睡眠门诊坐诊。原以为会遇到很多失眠人群,然而实际坐诊之后,我没想到居然有这么多人为"白天犯困"而苦恼。

白天开会打瞌睡、文件整理工作迫在眉睫的时候困得睁不开眼,这些都是大家通常能够想到的情况。但如果是和别人聊着聊着突然倒头就睡、开车途中频频打盹之类的问题,不仅影响工作,甚至危及生命安全。

可能有人想到了"嗜睡症",但其实很多时候这些人并没有严重的睡眠疾病。他们白天汹涌袭来的睡意源于现代人的"通病"——睡眠不足。而且身处现代社会,困倦的状态并不是睡一觉就能有所好转的。

既然需要来医院就诊，就说明睡眠不足背后的原因绝对没有那么简单。患者要面对堆积如山的工作，起早贪黑忙得不可开交。比方说，半夜12点回家，睡4个小时左右，5点起床，6点又出门上班了。

睡眠绝对时间短只是一个方面，还有沉重的压力。有时心里琢磨着工作和人际关系，翻来覆去睡不着觉；有时因为精神紧张，半夜忽然惊醒。这些情况都进一步压缩了睡眠时间，降低了睡眠质量。

❖ "深度"非快速眼动睡眠决定着睡眠质量

众所周知，人类的睡眠分为快速眼动睡眠和非快速眼动睡眠，这里简单介绍一下。

快速眼动睡眠期间，脑部负责掌管本能、情绪的杏仁核依然十分活跃，普遍认为在这一睡眠阶段，人会做清晰的梦，并处理恐惧、焦虑之类的情绪。

非快速眼动睡眠指的是快速眼动睡眠之外的睡眠阶段。非快速眼动睡眠可以分为浅睡期和深睡期。经常有患者问我快速眼动睡眠和非快速眼动睡眠究竟哪一个才是浅睡眠。非快速眼动睡眠的浅睡期和快速眼动睡眠的睡眠质量不同,谁深谁浅不能一概而论。不过,非快速眼动睡眠的深睡期毫无疑问是深度睡眠,也就是我们俗称的"睡得香"。根据我所做的实验,非快速眼动睡眠深睡期的时间越长,睡眠质量就越好,白天也就越不容易犯困。

❖ 改变生活习惯,改善睡眠质量

想要延长非快速眼动睡眠深睡期的时间,就要养成良好的生活习惯,其中最重要的四个方面是<u>光照、成瘾性物质、体温和压力</u>。

保持白天亮、晚上暗的光线,有助于迅速入睡。也要重视控制烟酒、咖啡、红茶。酒精有助于入睡,但会让整晚的睡眠都停留在较浅的状态。咖啡的提神效果可能会影响非快速眼动睡眠深睡期的时长,因此不容小觑。

研究表明,晚间适当提高体温有助于深度睡眠。可以温水泡澡放松,也可以借助生姜、辣椒等食物来提高体温。但是临睡前进食会导致胃肠得不到休息。

傍晚、夜间锻炼对深度睡眠也有促进作用。身体疲劳是卓有成效的安眠药。其中,健走等有氧运动比造成肌肉酸痛的无氧运动效果更好。

想必道理大多数人都懂,但是保持健康贵在坚持,就好比是运动员要扎扎实实地训练基本功。

最棘手的问题是压力。就算白天晒太阳的时间再长、泡澡泡得再舒服,晚上一闭眼全是烦心事的话,依然会对睡眠质量造成严重影响。下一节,我们重点来谈一谈如何处理睡眠与压力的关系。

告别"工作期间打瞌睡"的好习惯养成计划

☐ 一定要晒太阳。

☐ 睡前 3 小时不要进食,控制烟酒、咖啡、红茶。

☐ 睡前温水泡澡。

☐ 借助生姜、辣椒等食物提高体温。

☐ 傍晚、夜间健走锻炼。

[**医生建议**] 我们可以通过改善生活习惯增加"深度"非快速眼动睡眠。

02 睡前想点好事，改善睡眠质量

❖ 总做噩梦是一种病吗

"我总是做噩梦，这种情况严重吗？"

不只患者，有些医学生也时常问我这个问题。做噩梦虽然算不上是一种病，但是不可否认，做噩梦说明人压力较大，大脑和身体都处于过度清醒的状态。

人由于自然灾害、事故、战争等残酷经历而患上"急性应激障碍（ASD）"和"创伤后应激障碍（PTSD）"之后，做噩梦的概率会大大提高。东日本大地震的受灾地区就有不少人深受海啸之类的噩梦困扰。

抑郁症患者也经常做噩梦。既有被上司训斥、搞砸工作、被炒鱿鱼无力等与现实相关的梦，也有被怪物袭击、跌落悬崖等内容较为虚幻的梦。

按照国际分类，总做噩梦的"梦魇障碍"被划分为现实类睡眠障碍。患者频繁做噩梦，梦的内容让人心慌、烦躁，人从梦中惊醒后依然感到焦虑不安，难以再度入睡。患者陈述的情况常常是"做噩梦"，但其实是不安和恐惧让他们无法重新入睡。

这种"梦魇障碍"本身很难被断定为疾病。患者只要不被噩梦折磨，看上去就没有什么问题。但如果精神过度紧张焦虑以至于惧怕睡觉，那就必须进行治疗。

❖ "鬼压床"是因为压力大吗

"我经常'鬼压床'，是病了吗？"

在科普演讲的提问环节，常有听众这样问我。用专业术语来说，"鬼压床"是一种"睡眠瘫痪症"，自己感觉已经清醒过来，但是既不能说话，身体四肢也动弹不得。当然，还伴随有焦虑情绪。

其实，这是一种常见现象。在日本所做的一项调查显示，有将近四成人都至少经历过一次"鬼压床"，但"鬼压床"现象频发的人占比极少。根据睡眠障碍国际分类，遭遇

"鬼压床"的人占总人口比例为 3% ~ 6%。

以前人们普遍认为"鬼压床"与精神压力有关，但是根据最近的研究，"鬼压床"与睡眠质量差、睡眠不足、昼夜颠倒、熬夜等不健康的睡眠习惯的关系更为密切。

❖ **勾勒一个尽可能具体的"美梦"可以让你睡个好觉**

噩梦没有明显有效的治疗方法。我们已经知道噩梦常出现在快速眼动睡眠期间，但是利用抗抑郁药物缩短快速眼动睡眠时间的做法效果并不好。有时候噩梦会在药物影响下出现变化，比如做梦频率降低，内容却变得更加诡异。

如果不借助药物，那么还可以使用常用于"创伤后应激障碍"和"梦魇障碍"的"意向排练疗法（Imagery rehearsal therapy）"。在本子上写出噩梦的内容，再写出与之相对应的"美梦"，然后用 10 ~ 15 分钟时间在脑海里反复排练新的"美梦"。

实际上，这种方式还可以进一步简化。我们可以直接把"美梦"的具体内容画下来或者写下来。上床之前不断强化"我要做这样一个梦"的意识。这个"美梦"可以是任何一个场景，可以是悠闲地泡着温泉，也可以是大快朵颐地品味美食。天马行空的虚构可能略有难度，但是我们可以把真实存在的正能量内容作为蓝本来塑造梦境，通过反复练习，不但能够摆脱噩梦、酣然入睡，还可以让日常的精神状态更加积极向上。

摆脱噩梦的"意向排练疗法"

☐ 在本子上写出噩梦的内容。

☐ 写出与噩梦相对应的"美梦"。

☐ 也可以把梦境画出来。

☐ 睡前利用 10 ~ 15 分钟时间在脑海里反复排练新的"美梦"。

[**医生建议**] 睡前在脑海中排练可能梦想成真的"美梦""好梦"。

03　怯场说不出话的时候怎么办

❖ **紧张+严重焦虑=消极压力**

平时和朋友、家人聊天的时候谈笑风生，可是一到招待客人、开会之类的场合就紧张得结结巴巴，说不出话。

面对一个突如其来的电话，张口结舌，大脑一片空白。

聚会、宴请更是唯恐避之不及。

你是不是上面说的这种人呢？这些事情会让你烦恼吗？

适度的紧张是一种对人有好处的积极压力。可是一旦被紧张情绪压垮，不能自如地施展自身能力，那就过犹不及了。

而且紧张总伴随着焦虑。焦虑要视程度而定，可如果出现身体上的症状，就说明问题十分严重。

尤其是服务行业从业者，要以热情洋溢的状态接待顾客,也就是"殷勤"的态度。汗流浃背、声音颤抖、举手投足都畏畏缩缩,让顾客一眼看出你整个人紧张得像一块石头似的,这样势必会影响顾客的消费体验。

❖ **怎样治愈严重"社恐"**

那么,这些容易紧张的人都有哪些特点呢?不外乎谨慎、细腻、完美主义,等等。除此以外,还有没有其他特点呢?

精神科有一种疾病叫作"社交恐惧症"。2008年以前称为"恐人症",后来为了避免误解和负面看法,改称"社交恐惧症"。

简单来说,这是一种出现躯体症状的重度"社恐"。最初患者对某些场合感到胆怯,进而引发强烈的焦虑情绪,而焦虑又迟迟得不到缓解,最终发展为"社交恐惧症"。对于说话时因为腼腆而不敢直视对方的日本人而言,患上这种疾病的概率很大。

容易紧张的人具有两个特点,当然程度因人而异。其一是害怕被人批评、否定评价和拒绝。也就是对他人给出的负面评价非常敏感。

其二是妄自菲薄。总觉得"自己不中用",以至于在待人接物或是接打电话的时候唯唯诺诺。

人紧张的时候,由于害怕受到他人伤害,便会进入"自我防卫"状态。心跳加速,汗如雨下,手脚发抖,声音发颤,胡言乱语,这些其实都是在焦虑的作用下交感神经兴奋的表现,也说明掌管紧张情绪、注意力的去甲肾上腺素这一神经递质变得更加活跃。

❖ **感到自卑的时候要自我反思、自我认可**

面对十万火急的紧张局面,我们可以通过深呼吸来降低交感神经的兴奋度。并且要默默告诉自己"胜败乃兵家常事",安慰受伤的自己,肯定自己所取得的成绩,哪怕这些成绩并不起眼。

人生在世,身心注定不会毫发无损。"接待客户的时候张口结舌""接打电话时候的表现有些糟糕",当你也为此而情绪低落,那么你更要认可自己,因为你已经学会了自我反思。

我们要把"表现有些糟糕"的反思与战胜紧张局面的成就感结合起来,把这当作一项长期训练,不断克服紧张情绪。"暴露疗法"是一种给予患者刺激从而实现治疗目的的方法,同样可以用于治疗"社交恐惧症"。只要你勇于在社会生活中践行这项训练,那么你必定能够看到光明的未来。

克服过度紧张的方法

☐ 紧张到手脚发抖、汗流浃背的时候,反复进行深呼吸。

☐ 得到负面评价的时候要明确告诉自己"胜败乃兵家常事"。

☐ 不断经历紧张局面,把体验与成就感结合起来。

☐ 认可能够自我反思的自己。

[**医生建议**] 人生在世不可能毫发无损。紧张的时候也要鼓励自己:"紧张归紧张,但你干得不错。"

04 意外迟到或缺勤的时候怎么办

❖ **如果你感到"糟糕""坏菜",说明你心理很健康**

"糟糕!都这么晚了!"

"坏菜,来不及了……"

"啊,烦死了……今天干脆歇了算了。"

其实我自己也有一次因为睡得昏天黑地而错过了大事。那还是上高中的时候,那天上午一场重要的模拟考试,但我一觉醒来发现已经下午了。一向优哉游哉的我也慌了神。我倒不是害怕耽误考试而挨骂,而是对自己错过如此重要的考试这件事本身感到心烦意乱。

然而,如果偶尔一次迟到或是没病没灾却毫无缘由的缺勤不能让你产生"糟糕""坏菜"之类的焦虑或负罪感,那就说明问题很严重了。第二次、第三次,之后一次次类似情况的发生会让你变得更加麻木，越来越不以为然。从"糟糕""坏菜""完了"沦为"不小心又迟到一次，算了就这样吧"，道德水准逐渐下滑。

心知"糟糕"，心脏为此怦怦直跳，说明你是健康的。千万不能轻视迟到、缺勤。

❖ **有时候迟到是因为"抗拒"心理**

迟到或缺勤的时候最忌讳的就是找借口。而且，像那些因为不知如何开口而推迟联络、无缘无故缺勤之类的情况，不仅严重影响工作，还会在心理层面造成巨大创伤。

如果基本确定自己身体不适或是堵车等状况将会导致迟到或缺勤，那就应该立即电话联系对方，并且要尽己所能地弥补自己不在位可能造成的损失。

但如果你因为疲惫而忽视了可能出现迟到、缺勤的情况，或是不清楚迟到、缺勤可能的后果，纯粹因为强烈的"抗拒"心理而有意为之，这就说明你要面对的事情对你而言是一种压力，一旦你不能及时察觉这种压力并减轻它对你的伤害，很有可能会发展到"上班恐惧症""病休"的地步。

❖ **优先建立杜绝错误二次发生的机制**

员工迟到或无故缺勤会让公司蒙受巨大损失,但其实受到伤害最大的还是员工本人。

作为一名经常前往企业医疗部门坐诊的精神科大夫,我很清楚企业对员工迟到、无故缺勤究竟有多么头疼。从企业送来的心理咨询需求来看,经常迟到、缺勤的员工比饱受压力困扰的员工人数更多。

一旦一名员工多次迟到或缺勤,企业就会建议其去企业的医疗部门接受咨询。如果你因为身体不适而经常迟到、缺勤,也应当尽早向领导、医生等人说明情况。倘若生活节奏被打乱,不但精神上会变得不稳定,还有可能加剧"抗拒"心理。

如果是因为宿醉之类一时的过失而出现的迟到……对此,就像企业的其他规章制度一样,关键在于建立杜绝迟到再次发生的制度。只要不是身体或心理疾病,那么只需保持稳定的生活节奏,迟到、缺勤的情况自然就会减少。

克服"抗拒"心理的行动计划

☐ 重视"糟糕""坏菜"之类的情绪。

☐ 迟到、缺勤的时候不要找任何借口,而要想到自己耽误了对方的时间、给对方造成了麻烦,并为此道歉。

☐ 根本上是要保持生活节奏,酒局、熬夜要有节制。

☐ 最直接的方式是排解掩藏在"抗拒"心理下面的压力。

[医生建议] 如果"抗拒"心理十分顽固,那就要立足根本,恢复被打乱的生活节奏。

05 迟迟走不出失败怎么办

❖ "忘记"比"记住"更重要

有关"记忆""学习"的书籍总是很畅销。在神经科学研究领域"记忆"和"学习"也是重要课题，无数学者为此不辞辛苦前赴后继。

至于"忘记"，无论是书籍还是研究都热度不高。不断吸收新的知识是人的天性，因而鲜有学者关注"忘记"。

然而，"忘记"其实是与"学习"同等重要的脑部功能。每时每刻，都有不少人正在被痛苦的记忆所折磨。例如，"创伤后应激障碍"患者。创痛的记忆始终在他们脑海中挥之不去。

工作上的挫折虽然算不上创伤，但同样无法抹去。你是否也曾因为过往的经历而愁眉不展，迟迟走不出失败呢？

❖ 怎样摆脱消极的记忆

世上没有哪种方法能让你迅速摆脱记忆的困扰。越是想要忘记某件事情，反而会让它在记忆里变得更加清晰。

如果是衣服、书籍之类的实物，那我们可以三下五除二地把它们打包丢掉，让它们从物理层面上消失。只需要一点时间、体力和决心（断舍离的决心）。但记忆不是实体，想要丢弃谈何容易。"被顾客骂了""被上司当众批评"之类的消极记忆怎么可能往塑料袋子里一塞再往垃圾场一丢了事？

对此，开诚布公地向他人表露自己，也就是从"自我暴露"入手，我认为是一个可行之策。正确的"自我暴露"，就是把自己的信息主动告诉对方，例如自己的思维方式、好恶等。想必每个人都有过直抒胸臆之后神清气爽的经历。

坦率地表露自己，也能提升对方的表露程度。"自我暴露"可以激发共鸣，让心态更加健康，有利于处理消极记忆。

即使没有他人可供我们表露也没有关系，我们还可以把自己的所思所想写在本子上或记录在电脑里。

心理学家詹姆斯·彭尼贝克（James W. Pennebaker）的研究证明了向他人"自我暴露"或是在笔记里向自己"自我

暴露",都会使人的精神层面更加健康。因此,我们不要把事情憋在心里,而要向他人或是通过纸笔表露自己,和讨厌的记忆说再见。

❖ **积极向上的情绪始于舍弃**

只有前一项工作告一段落,我们才有空闲和精力去斟酌下一项工作。如果眉毛胡子一把抓,不仅心烦意乱,也没有余力去规划未来。这时舍弃沉闷烦躁的情绪,便会如释重负,昂扬的斗志也会奔涌而出。

心里蓄积着乱七八糟的负面情绪,就好比是抱着铅块跳远,铅块当然是越轻越好。这便是用向他人坦诚相告、在纸上自我表露等方式,把消极记忆从脑袋里转移出来。

钻研兴趣爱好也有助于舍弃消极记忆。人是一种一闲下来就浑身不自在的生物。根据临床经验,人一旦无所事事,必然会围绕着自己的缺点胡思乱想。

垃圾你不去扔,它必然不会自行消失不见。从长远来看,每舍弃一件烦心事,为了减轻负担所付出的每一分努力,都是在塑造抗压能力更强的自己。

摆脱郁闷心情的 4 个点子

☐ 不要向他人诉苦,而要有意识地"自我暴露",坦白自己的想法和行为习惯。

☐ 把烦恼分成几部分,只考虑有必要的部分。

☐ 把自己围绕每一个烦恼的所思所想在本子或电脑上写下来。

☐ 尝试做自己喜欢的事情。

[医生建议] 盘点自己的情绪,塑造抗压能力更强的自己。

06　陷入惊恐的时候怎么办

❖　刺激副交感神经的"瓦氏动作"

有时候我们在紧张、焦虑等情绪的作用下，身体会出现某些异常反应。其中之一就是心脏剧烈跳动，伴随着不适感的"心悸"。

和难缠的人交谈、拜访难应付的客户、接打电话……面对这些情景的时候脉搏越跳越快。

这说明人体的加速器——交感神经进入全速运转的状态。可一旦过度，不仅不能维持全速运转，反而会过热起火。

人出现过度心悸、上气不接下气等状况，也就是所谓的"惊恐发作"，就需要服用相应的速效药。如果尚未达到这种程度，并且想要自己对其施加有效的控制，那就要刺激具有"刹车"功能的副交感神经。

刺激副交感神经的方法叫作"瓦氏动作",主要用于紧急调节心律失常。医学培训系统已经将"瓦氏动作"纳入必修的基础知识当中。

具体方法很简单——吸一口气,屏住呼吸,然后腹部发力,感觉就像是在挤压五脏六腑。这样可以激活副交感神经,类似于腹式呼吸法。

还有一种方法利用的是"阿施内现象",也就是闭上眼睛,用眼皮缓慢挤压眼球。在此需要提醒一点,如果过度刺激副交感神经,有可能导致血压下降、情绪低落。有意识地进行腹式呼吸,可以让自己的身体更加舒畅。

❖ **应对过度呼吸症候群的最新方法**

在临床诊疗过程中,经常会遇到焦虑和呼吸急促的"过度呼吸"症状。"过度呼吸"发作之初,患者会突然或缓慢地感到呼吸困难,焦虑情绪随之越发强烈。呼出的气体量增加,导致体内二氧化碳浓度降低,指尖、口部发麻。

"过度呼吸"常伴随强烈的胸口压迫感或是濒死的恐惧感,患者坐立不安,仿佛不叫救护车就挺不过去一般,然而往往是救护车刚到医院,患者就平静了下来。

这里我希望大家能够掌握一条重要的知识,那就是"过度呼吸"不会危及生命,也不会留下后遗症。即使发作时的症状再吓人,一段时间以后也会恢复正常。

"纸袋呼吸法"是一个广为人知的可以让呼吸平静下来的方法。呼吸时用袋口捂住嘴,从而避免人体过多缺失二氧化碳。

但是,最新的医学研究并不推荐使用"纸袋呼吸法"。因为在使用这种呼吸方法的过程中,人吸入的基本只有二氧化碳,所以存在缺氧风险。

目前的建议是要明白"过度呼吸不会造成生命危险",如果出现"过度呼吸"的征兆,要有意识地进行"横膈膜呼吸"。所谓"横膈膜呼吸",其实就是前文提到的腹式呼吸。

也可以适当按压胸部,控制自己只用腹部呼吸。利用腹部缓慢呼气,拉长呼气的时间。

话虽如此,等到病情突然发作的时候,临时抱佛脚肯定也是来不及的。对于平时容易紧张的人来说,日常坚持练习腹式呼吸,不仅可以应付不时之需,还可以让心态变得更加从容。

学会用"瓦氏动作"调整呼吸

☐ 把呼吸的发力点放在腹部。

☐ 深长、缓慢地呼吸。

☐ 控制胸部的起伏,也可以轻微按压胸部。

☐ 要明白呼吸不会发展为重症,更不会危及生命。

☐ 日常练习腹式呼吸,为紧张时刻的来临做好准备。

[医生建议] 缓慢、深长的腹式呼吸可以激活副交感神经。

07 由于压力而感到肠胃不适的时候怎么办

❖ **上班路上忽然又想去洗手间**

经常是早上已经方便完毕,可是在开车或乘电车去上班的路上忽然又想去洗手间。每当要去工作或是遇到让人忐忑不安的场面时,就会感到腹部不舒服,休息的时候却不会出现这种情况。那么,这种症状很可能是"肠易激综合征"。

肠易激综合征的症状较为多样,有腹痛、腹泻、便秘、排气,等等。肠道不适但在内科 X 光或肠镜检查中未发现明显异常的病症通常都会被诊断为肠易激综合征。

肠易激综合征的致病原因尚不明确,但与我们常在抑郁症诊疗中听到的一种神经递质——血清素有一定的关联。血清素不只存在于脑部。实际上 80% ~ 90% 的血清素都存在于肠道之中。肠道的血清素会在人感到压力的时候变得更加活跃,导致肠道功能紊乱,表现出一些症状。男性可以服用一种名叫盐酸雷莫司琼[1]的特效药,女性可以服用中药"建中汤"[2]。

❖ **不舒服的可能不只是身体**

然而,病因不明、检查数据未见明显异常的肠胃问题,未必全都是肠易激综合征,也可能是抑郁症的伴随症状。

有一种病叫作"隐匿性抑郁症",患者会出现胃痛、腹部不适、头痛等外在症状,而且这些躯体症状掩盖了意志消沉、情绪低落、注意力下降等抑郁症本来的症状,因此早年间日本也将这种病称为"面具抑郁症"。

患上这种疾病的人会被单位的医疗部门、保健室、诊所等当作普通的内科患者。由于身体方面的症状较为突出,他

---

1 Ramosetron Hydrochloride,抗化疗止吐药,常用剂型有注射剂、崩解片等。主要用于化疗药物引起的消化道症状(恶心、呕吐)等。
2 中医方剂,主要含生姜、芍药、干地黄、甘草、大枣等,《备急千金要方》记载该方"治五劳七伤,虚羸不足,面目黧黑,手足疼痛,久立腰疼,起则目眩"。

们抑郁、消沉之类抑郁症相关的精神症状很难被发现。

患者的主要症状是头痛、腹痛、腰痛、食欲不振、肢体疼痛等常见症状，难以让人联想到抑郁症。即使检查身体也查不出异常，服用胃药、头痛药、止痛药也没有明显效果。

但如果仔细探询他们的精神状态，就会发现他们存在轻微抑郁或是兴趣减退等状况。

大多数的情况是胃药和头痛药等毫无疗效，只吃一点轻微的抗抑郁药就恢复如初。一旦抗抑郁药起效，患者本人和医生就能意识到之前的治疗方向存在问题。

在现实诊断中，想要给出迅速而准确的诊断确实存在一定的困难，但是只要患者的精神状态下滑，出现"快感缺失""活动量下降"等症状，就应该考虑到这可能是潜在的抑郁症。有时压力看似平平无奇，但同样有可能引发"面具抑郁症"。无法用言语表达压力，但会通过身体上的症状把压力表现出来，这或许是人与生俱来的一种机制。

如果没来由地出现腹痛、胃痛，并且感觉有些无精打采，就有可能是"面具抑郁症"。面具的作用是掩盖事物的本来面目，为此我们更要做到透过现象看本质，去治愈那掩盖在面具之下的真正的疾病。

识别面具抑郁症的自查清单

☐ 每天都是郁郁寡欢,情绪低落,总是无精打采,高兴不起来。

☐ 头痛药、胃药不见效。

☐ 胃痛、腹泻久治不愈。

☐ 食欲不振。

☐ 睡眠浅。

☐ 活动量下降。

[医生建议] 身体不适未必是身体方面的疾病。我们要学会向自己问诊:"你享受现在的生活吗?"

结语

"抑郁"和"焦虑",从希波克拉底所处的古希腊时代开始,就是备受人们关注的一个话题。时过境迁,这些问题从未消失,始终是我们人类心头挥之不去的一片阴霾。

我写这本书的目的,不是为了让各位读者增长心理学和精神医学方面的知识,而是掌握实用的"和抑郁、焦虑的相处之道"。我也努力通过通俗易懂的方式,向大家介绍一些能够应用在日常生活当中的诀窍。

有大致的规划了吗?

烦心事少一些了吗?

如果你觉得书中的一些内容带给你一些启发,并愿意亲自尝试一下,这对我来说就是一种莫大的幸福。

感谢大和书房的长谷部智惠女士,她不厌其烦地鼓励着因为大学附属医院的诊疗、培训、科研工作而陷入焦虑的我。没有长谷部女士的帮助,这本书也不会成型。

可以说,"抑郁"二字早已家喻户晓,它是每个人的心灵都躲不掉的一种状态。

由衷希望这本书能够帮助各位读者学会与"抑郁"及"焦虑"和睦相处。让我们同舟共济,在"抑郁"的未来劈波斩浪吧。

西多昌规

每到周一我就烦
应对上班焦虑的简单方法

作者 _ [日] 西多昌规　　译者 _ 姚奕崴

产品经理 _ 白东旭　　装帧设计 _ broussaille 私制　　产品总监 _ 黄圆苑
技术编辑 _ 丁占旭　　责任印制 _ 梁拥军　　策划人 _ 李静

果麦
www.guomai.cn

以 微 小 的 力 量 推 动 文 明

图书在版编目（CIP）数据

每到周一我就烦：应对上班焦虑的简单方法 /（日）西多昌规著；姚奕崴译. -- 成都：四川文艺出版社，2024.8. -- ISBN 978-7-5411-7032-4
Ⅰ．B842.6-49
中国国家版本馆CIP数据核字第2024K7M626号

< "GETSUYOBI GA YUUTSU" NI NATTARA YOMU HON: SHIGOTO DE TSUKARETA KOKORO WO GENKI NI SURU RISETTO PLAN 39>
Copyright © MASAKI NISHIDA 2012
First published in Japan in 2012 by DAIWA SHOBO Co., Ltd.
The simplified Chinese translation rights arranged with DAIWA SHOBO Co., Ltd. through Rightol Media Limited in Chengdu.
Chinese edition copyright © 2024 by Guomai Culture & Media Co., Ltd

著作权合同登记号 图进字：21-24-090号

MEI DAO ZHOUYI WO JIU FAN: YINGDUI SHANGBAN JIAOLÜ DE JIANDAN FANGFA

每到周一我就烦：应对上班焦虑的简单方法

［日］西多昌规 著　姚奕崴 译

出 品 人	冯　静
责任编辑	谢雨环　谢雯婷
装帧设计	broussaille 私制
责任校对	段　敏
出版发行	四川文艺出版社（成都市锦江区三色路238号）
网　　址	www.scwys.com
电　　话	021-64386496（发行部）　028-86361781（编辑部）
印　　刷	河北鹏润印刷有限公司
成品尺寸	127mm×184mm
开　　本	32开
印　　张	6.5
字　　数	103千
版　　次	2024年8月第一版
印　　次	2024年8月第一次印刷
印　　数	1—7,500
书　　号	ISBN 978-7-5411-7032-4
定　　价	45.00元

版权所有　侵权必究

如发现印装质量问题，影响阅读，请联系021-64386496调换。